イギリスの
かわいい
アンティークと
雑貨たち

Q177
SPODE
£10

自分の宝物を探しに
イギリスへ出かけてみよう

街なかでふと足を止めて見入ってしまうモノは、百人いれば百通り。突飛なデザインに一目惚れしたり、古びた感じに愛おしさを覚えたりと、わけもわからず自分がハッピーな気分へとドライヴさせられてしまう「気になるもの」「かわいいもの」が人それぞれにあります。この本では、そんなかわいいアンティークや雑貨を見つけてこようとイギリスへ旅立ちました。ひとつの物が大事にされて宝物になっていく、そんな彼の国の、気になる香りに誘われて。

CONTENTS

イギリスのかわいいアンティークと雑貨たち

Column & Interview

この本は2000年6月〜7月の国内、海外の取材に基づき編集されたものです。価格、住所、連絡先等、それ以降に変更のあった場合は、何卒ご了承下さい。

都市の華やぎ
田園の安らぎ

空港に着いて、イギリスの景色の中にすっぽり入ってしまったそのときから、楽しい旅の予感に包まれます。かわいいモノ探しの旅の一行は、まずは世界のメトロポリス、女王陛下のお膝元の都ロンドンへ。そして緑のトンネルのくねくね道がどこまでも続く南イングランドを巡りましょう。

THE UNITED KINGDOM

大英帝国の全盛の頃、世界中のすみずみから"いいもの"を集め、街や館にコレクションしていったイギリス。緑の丘にそびえる城の広間から街道のカントリーハウスの窓辺まで、ふと出会うものたちにも、その想い出が刻まれています。貴重なアンティークから小さな雑貨まで全部が不思議の国の宝物みたいに思えてきます。この本には、ロンドンの市内や南イングランドのライやルイスの街で見つけたそんなイギリスのものたちがいっぱいです。

MANCHESTER
マンチェスター

BIRMINGHAM
バーミンガム

LONDON
ロンドン

from JAPAN
日本から直行便で約12時間。ヒースローの空港から市内へ電車で30分。

LEWES
ルイス

RYE
ライ

BATH
バース

BRIGHTON
ブライトン

PLYMOUTH
プリマス

ロンドンの東にあるテムズ川沿いの街グリニッジの日曜日の市は、郊外のマーケットの雰囲気。値段も安めです。

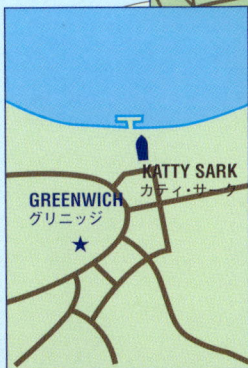

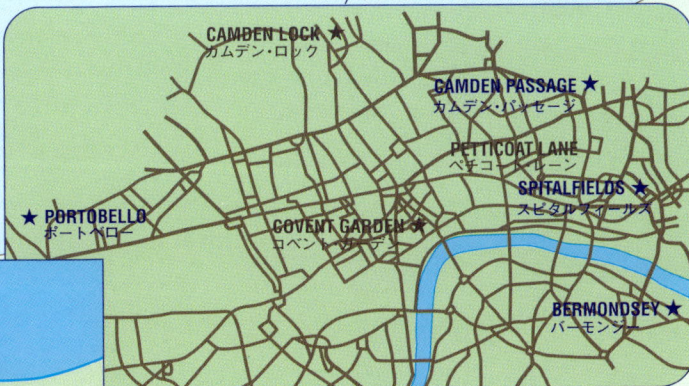

CAMDEN LOCK ★
カムデン・ロック

CAMDEN PASSAGE ★
カムデン・パッセージ

PETTICOAT LANE
ペチコート・レーン

SPITALFIELDS ★
スピタルフィールズ

★ PORTOBELLO
ポートベロー

COVENT GARDEN ★
コベント・ガーデン

BERMONDSEY ★
バーモンジー

KATTY SARK
カティ・サーク

GREENWICH
グリニッジ

ヨーロッパで一番アンティークのディーラーが集まるストリート、ポートベローのあるロンドンには、他にも個性的なマーケットがいっぱい。曜日や品物ごとに街のあちこちで素敵なものたちと出会えます。もし掘出物を見つけたいなら、朝早めにマーケットに行くこと。バーモンジーの市は夜明けから、いいもの探しの人たちが集まります。

イギリスで
アンティークと
雑貨を探す
楽しみ

イギリスの景色に目が慣れてくる
と、街並みをなす石造りの住宅か
ら、小さな塩入れひとつまで、古い
ものが大事に使われていることに
気づきます。共有の財産としてリ
サイクルされるとは、なんて賢い
暮らし方、と感心するばかり。

イギリスでフェアと呼ばれる、週末などに開かれるマーケットを覗いてみれば、その情況も一目瞭然です。どこかのお屋敷で長年つとめあげたと思しき銀のスプーンや、だれかの手編みの人形、手帳まで、あらゆる古い物が新しい持ち主を待って並べられています。

だれかにとっては取るに足らないものでも、別なだれかには黄金。これらの山の中のたったひとつが時代も場所もとび越えて「Hello!」となにかを語りかけてくる時、それは、自分だけの宝物になります。

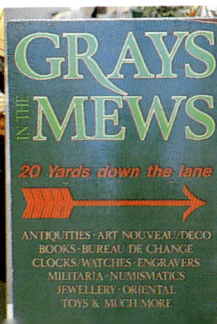

カップ＆ソーサー

CUP & SAUCER

左下のハマーズレイ社製のバラ模様のティーカップの底。陶器会社が誇らしげに製造元や、時にはデザインの名称やデザイナーまで表明しているバックスタンプ。マークは同じ窯でも時代によって違うので、製造された時代を教えてくれる貴重な情報。

形も色あいも質感まで多彩

19 世紀の終わりごろ、アフタヌーンティーの愉しみが広まって、20世紀に入ると紅茶碗もさまざまな製陶会社から作られたそうです。サセックス州の石畳の町ライを訪れたとき、そんなイギリス陶器に出逢える可愛い店がありました。姿は違えどどのカップもミルクティーに合う顔をしています。

Shelley
八面体のクィーン・アン・スタイル
薄手で繊細そうな焼き肌と植物画風の絵付けが魅力のシェリー窯。日本の柿右衛門を写したようなこれ、じつはお弟子さんの習作。見つけたバイヤーの洒落心から、柄も彩色もずっと精巧な師匠の作とセット売りに。
1926年、シェリー社 S. クーパーの作品。
2客セット ￥60,000
SHOP ● グローブ **P.125**

Adderleys
古典的なシリンダー型の小ぶりなコーヒー碗
ふつうのコーヒーカップよりひとまわり小さいサイズは、背筋を伸ばしておすまし顔でブレークするレディーの気分にぴったり。
1920年代。£12 カムデン・パッセージのマーケットのストールにて

Hammersley
バラ模様のスウィートな2人用ティーサービスで素敵なひとときを
呼び名も愛らしい2人用のセット、"ティー・フォー・トゥ"。バラの季節、戸外でのアフタヌーンティーを楽しみたい。
バラの柄が浮き彫りされた錫製トレイ付きセットで ￥68,000
SHOP ● グローブ **P.125**

Poole
シェイプと色と使いやすさの妙味
オリジナルデザインは20～30年代。
ひび焼きになりにくいように上薬で
覆ったこれは20～30年後につくられ
たもの。
一人用ポット£8、コーヒーカップ＆ソーサー
とクリームジャグふたつで£5、デミタス
コーヒーのカップ＆ソーサーは
2客で£8
SHOP ● ストランド・
　　　　ハウス
　　　P.17

甘さのないすっきりした
シェイプと色が魅力。

Susie Cooper
春の庭の花々を活けた
ようなティーの演出家
心が浮き立ってくるような図
案の才と色使いに脱帽。スー
ジー・クーパーならではの華や
いだ時間が広がる茶道具。
"プランタン"(1936年〜)ホットウォー
タージャグ¥53,000。"スワンシースプレ
イ"(1935年〜)ケーキ皿とセットになっ
たトリオ¥36,000   **SHOP ●** レッド・バロウ P.125

CUP & SAUCER

自ら陶製フィギュアになったスージー・クーパー。

イギリスの陶磁器のなかでも独特の女性的なデザインで日本で人気の高いスージー・クーパー。初めて目にしたときに、そのやわらかな雰囲気や、柄と色の品のよいまとまり方に一目惚れしてしまう人が多いというのも頷けます。ロンドンでは大きなマーケットを訪れるとスージー・クーパーの専門店に出逢えます。1925年以降アールデコと呼ばれるようになる当時のモダンなデザイン様式に重ねて、同時代のスージー・クーパーの器もデコというジャンルで扱われ、強い色調の幾何学モチーフのものが多く集められているのには驚かされました。

ダイナミックでレア物の力強い初期の手描きの一品

マークでおなじみの鹿たちが飛び跳ねている初期のもの。若かりしスージーの力強い筆使いと、ディアの笑っている（？）ところがなんともいえず魅力。
1920年代。4人分 ¥175,000　**SHOP** ● ミントハウス **P.125**

テーブルを彩る愛らしい脇役たち

形も模様も可愛い小さな器は、マスタードや薬味を入れて使ったり、花を挿したりと、食卓にアクセントを添えてくれる。"ドレスデンスプレイ"（1935年〜）クリームジャグ¥32,000、"スワンシースプレイ"（1935年〜）エッグカップ各¥13,000・プレート20.5cm¥18,000、"パトリシアローズ"（1932年〜）25cm¥15,000〜¥30,000
SHOP ● モモ **P.125**

珍しい木製トレー付きオードブル皿セット

このように絵柄が揃って残っていることは稀という貴重な一品。ピクルスや旬の野菜料理を盛りあわせるこの野菜柄バージョンのほかに、魚柄も作られた。
1930年代中期。¥120,000〜250,000
SHOP ● ノヴィス **P.126**

CUP & SAUCER

Wedgwood
ブドウの葉環を浮き彫りにしたトリオ
裏に創始者J.ウェッジウッドの工場名「エトルリア」と、王妃シャーロットに"女王の陶器"と命名された「クィーンズ・ウェア」の文字が印されている。
1940年代。¥32,000　**SHOP** ● ランジュ・バース　**P.127**

Melaware
60'sスタイルの英国製ティーカップ
60'sらしい樹脂の一体成型。メラウェアと呼ばれる素材のカップ。色も形も今日の目に新鮮。
1960年代。カップ＆ソーサー 4客セット£12
SHOP ● トウィンクルド　**P.17**

ダンスする絵のポットとトースト立て
ヨーロッパでダンスとお茶が流行ったローリング・トゥエンティー、1920年代以降のもの。
トーストラック¥9,800
SHOP ● マチルド・イン・ザ・ギャレット　**P.126**

Limoges
イギリスのアンティークフェアで見つけたリモージュのトリオのティーサービス
1人用のお茶のトリオ。裏に「CFH（Charles Field Haviland）」とデザイナーの名前が印されている。
1858～1881、フランス製。¥12,000　**SHOP** ● モモ　**P.125**

Brooks & Adams & Product
テニスセット式
ソーサーの半分にお菓子を載せるスタイルからテニスセットと呼ばれるカップ＆ソーサー。
1930～40年代。£60
SHOP ● デコデンス　**P.102**

Heathcote China

ヒースの花が咲き乱れる
ヴィクトリアンの茶道具

秋のハイランドの山々を紫色に染める
ヒースの花がモチーフ。受け皿が深い昔
のスタイルで、ポットの形もクラシカル。
1858年。ティーポット¥38,000。カップ&ソーサーとケー
キ皿のトリオ　**SHOP ● モモ P.125**

CUP & SAUCER

ニットと陶器の組み合わせが新鮮
手編みによるクリノリン・スタイルの
スカートをはいた、陶製の貴婦人の
ティー・コージー。
ティー・コージー¥14,500、
ロイヤル・ドルトンの1930年代のポット¥48,000
SHOP ● マチルド・イン・ザ・ギャレット **P.126**

Burleigh
素朴なモチーフと洒落た色使いで人気者
ブルー&ホワイトでも鶏の模様が描かれた、田舎
の朝を彷彿とさせる、ほのぼのとかわいいティー
カップ。トラディショナルな柄で、ロングセラー。
各¥2,500　**SHOP ●** ミントハウス **P.125**

Royal Creamware
ヴィクトリア&アルバート博物館に展示されているシリーズ
18世紀後半の英国で大人気を博したクリームウェアはクリー
ム色の艶やかなストーンウェアの一種。その一型を手作りで再
製。独特のなめらかな焼き肌や、取っ手や深めの受け皿などの
18世紀らしい優雅さが今も大人気。
ティーポット¥11,000、コーヒーカップ&
ソーサー・ティーカップ&ソーサー
各¥5,000、シュガーポット¥7,500
SHOP ● ミントハウス **P.125**

● ストランド・ハウス
Strand House
石畳の町の可愛い食器屋さん
ロンドンから車で南へ2時間、石畳の町ライにある食器やさん。専門の異なる11人が買い付けている、品揃えも雰囲気もラブリーな店。
The Strand,Rye East Sussex TN31 7DB
☎0797-225008
国鉄Rye駅
■OPEN/クリスマスと翌ボクシング・デイを除く毎日
10.15-17.00

● トウィンクルド
Twinkled
50's～70's の "キッチュさ" が魅力
キッチュな雑貨が好きなオーナーLukeさんは1945年以降の雑貨、家具、服を収集。ヘイスティングスに店を持ち、モード誌がよく撮影にくる。
47 Charlton Lane,Charlton London SE7 8LB
☎0181-488-0930
国鉄Greenwich駅、◆ドッグランズ線のCuty Sark駅
■OPEN/グリニッチ・マーケット 日曜9.00-17.00
■EMAIL/twinkled@cwcom.net

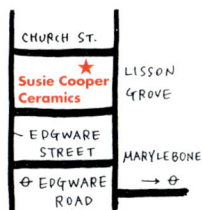

● スージー・クーパー・セラミックス
Susie Cooper Ceramics
アールデコの食器を集める専門店
S・クーパーの店。「日本人は花柄、英米人は幾何学模様、欧州人は手描きの物を探すね。子供用マグカップも可愛いよ。」と経営者のジョーンズ氏。
Alfies G070-74,13-25 Church Street
Marylebone,London NWS SDT
☎0207-723-0449
◆MaryleboneまたはEdgware Road
■OPEN/火～土曜 10.00-18.00

● ザ・ウェッジウッド・コレクション
The Wedgwood Collection
ウェッジウッドのアンティーク
ジャスパーウェアが豊富。今は作られていない艶なしの黒や緑、黄色、ピンクのものもある。オーナーのヒギンズさんはウェッジウッドの専門家。
129 Portobello Road,London W11 2DY
☎01753-866620
◆Notting Hill Gate
■OPEN/毎土曜 8.00-16.00
■EMAIL/edie@wedgwoodcollectionfsnet.co.uk

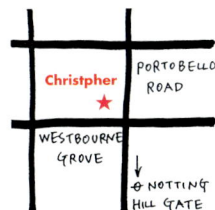

● クリストファー
Christpher
20's以降の英国陶器専門店
スージー・クーパーやクラリス・クリフ等、「使うための食器」を集めるクリストファーさんの店。John Guildfold作のジャム入れは、「25年に一遍しかお目にかかれない」という品。
Stalls 19-20,288 Westbourne Grove,London W11
☎01923-336496(平日)
◆Notting Hill Gate
■OPEN/毎土曜 6.30-15.30か16.00

銀食器

SILVERWARE

くぼみのところにも
優雅な浮き彫り装飾が。

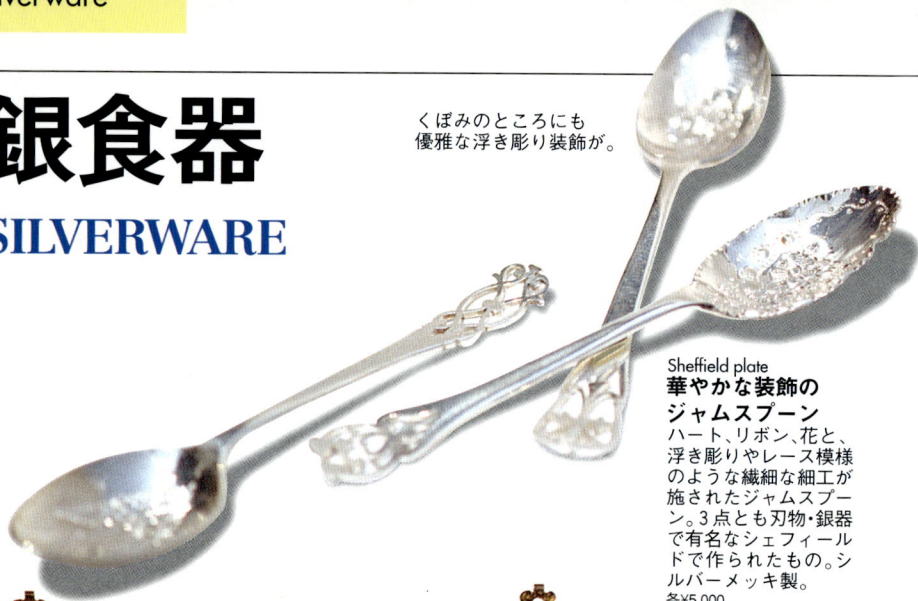

Sheffield plate
華やかな装飾の
ジャムスプーン
ハート、リボン、花と、
浮き彫りやレース模様
のような繊細な細工が
施されたジャムスプー
ン。3点とも刃物・銀器
で有名なシェフィール
ドで作られたもの。シ
ルバーメッキ製。
各¥5,000
SHOP ● マチルド・イン・ザ・
ギャレット **P.126**

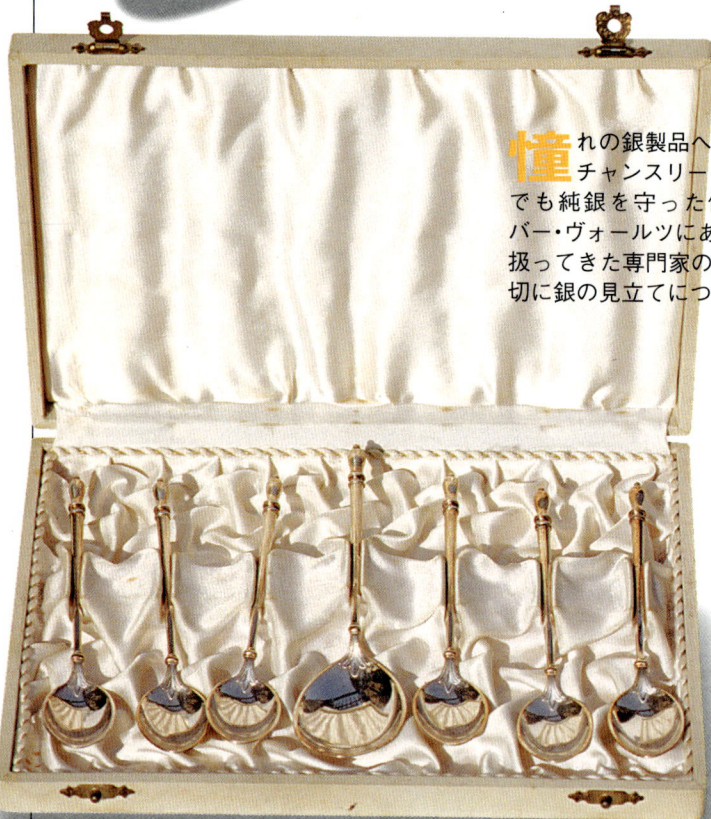

憧れの銀製品への近道は、ロンドンの
チャンスリー・レーン駅近く、空襲下
でも純銀を守った優秀な地下銀庫シル
バー・ヴォールツにあり。そこで何代も銀を
扱ってきた専門家の店が集まり、じつに親
切に銀の見立てについて教えてくれます。

受け継がれていく
ティースプーン
6ピースセット
イギリスでは、結婚の贈
り物としてポピュラー
な、ケースに入った豪華
なスプーンの6ピース
セット。ティースプーン
の他にはシュガー用の
スプーン1ピース入り。
SHOP ● ノヴィス **P.126**

銀のカトラリー類は代々受け継がれて大事にされる。

姿もさまざまな
スプーンたち

tea caddy

コレクターも多い紅茶の名脇役

日本人コレクターが多いとイギリス
でも有名なキャディスプーン。金の王
冠付きはエリザベス2世のシルバー・
ジュビリー、即位25周年の1977年製
で、ホールマークに5つ目の女王の肖
像マークを戴いている。

上から、リングの持ち手：19世紀のもの。　ス
コップ型：1899年、£300　華やかな装飾：1860
年、スターリングシルバー・、オランダ製、£300
貝殻状のくぼみ：1870年、£320　金の王冠付
き：1977年、£580　フラットな王冠：ジョージ
5世即位記念、1935年、£265
SHOP ● ローレンス・ブロック　P.23

SILVERWARE

ウィットに富んだ銀仕上げのナプキンリング
ナイフとフォークとスプーンがクロスする洒落心溢れるナプキンリング。
アンティーク風の現代物、シルバー仕上げ。¥1,200
SHOP ● マダム・ローザ P.127

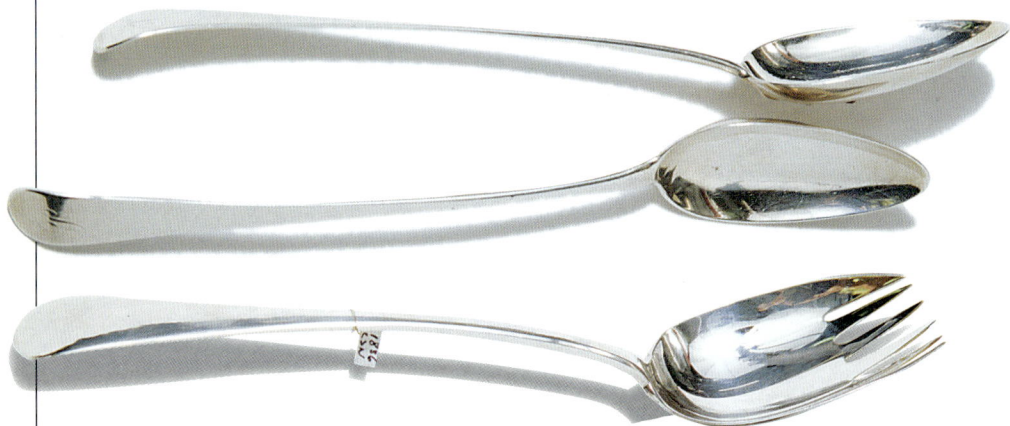

形が美しいサービングスプーン
9世紀までは、このようなテーブルスプーンの形がスープやサービス用に使われていた。サイズはかなり大きなもの。柄に持ち主の頭文字Pの刻印がある。グレイビーソースやコンポートの取り分けなど、食卓での料理のサービングに。
全長29cm、1793年（ジョージ3世時代）、スターリングシルバー製。ペアで£435　SHOP ● ローレンス・ブロック P.23

ポテトマッシャーの大きな銀製フォーク
昔はジャガ芋をつぶす調理のために使われていたという贅沢なフォーク。今ならサラダを混ぜたり取り分け用にと自由に。
全長29cm、1836年。£175　SHOP ● ローレンス・ブロック P.23

置いておくだけで可愛い！
真っ赤なリンゴの飾りを戴くフルーツピックが6本、剣のようにお行儀よくセットされている。
1930年代、リンゴの部分はベークライト製、シルバー仕上げ。¥22,000
SHOP ● マダム・ローザ P.127

鯨の骨と銀を使った贅沢なパンチスプーン
華やかに装飾デザインが花開いたジョージ王朝時代のパンチ用レードル。柄の部分はクジラの骨製。
全長29cm、1765年（ジョージ3世時代）、スターリングシルバー。£195　SHOP ● ローレンス・ブロック P.23

ティーポットと卓上の小物たち

20世紀初頭らしい気まぐれデザイン

洋梨の形を容器に写し取ってしまった、なんとも可愛らしい銀器。小ぶりのティーポットとミルクジャー：1907年、2つで£925　塩・胡椒入れ：1919年、2つで£200（4点全部で£1200）

SHOP ● ピーター・K.ワイス **P.23**

愛らしい小さな卵になった銀器

過剰で突飛な装飾がもてはやされたヴィクトリア朝時代の胡椒入れ。純銀の検査所が置かれた最古の町のひとつ、チェスターのタウンマーク入り。1898年。£85　**SHOP ●** ローレンス・ブロック **P.23**

脚付きの小さな3点セット

1915年にバーミンガムで作られた、マスタード、塩、胡椒入れの小さなセット。塩入れはガラスを張って銀の腐食を防止。スターリングシルバー。£60

SHOP ● アトラム **P.23**

SILVERWARE

小さな小さな
うさぎのピーター？
小さくてもしっかり
本物、92.5％スター
リングシルバー製。
体長３cm。£325
SHOP ● ピーター・K. ワイス P.23

魚の形のユーモラスな
コンディメントセット
1960年。£500　　**SHOP** ● ピーター・K. ワイス P.23

手のひらにのる
ハリネズミ
色つやからもわかる
ように、これは古
くないもの。オブ
ジェにしてもペー
パーウェイトに
使っても。
体長４cm。£75
SHOP ● ピーター・K. ワイス P.23

小さなシルバーウェア

カップル？兄弟？
ペンギン塩・胡椒入れ
近年の銀製品。「でも、
すっごく高くてすっご
く見つからない」と店
の方。簡潔なデザイン
がクール＆キュート。
£220
SHOP ● ローレンス・ブロック P.23

20世紀初頭生まれの
小さなネコ
ネコを象った、高さわ
ずか２cmの銀製ミニ
チュア。首にリボンを
巻いておすまし。
1907年、スターリングシルバー。
£225　　**SHOP** ● ピーター・K. ワイス P.23

クマの銀製小物は人気アイテム
これらも近年のもの。ミルク飲みベア、ハチミツ
壺に夢中のベア、ヨチヨチ歩きのベアの３種類。
塩・胡椒入れ、各£85　　**SHOP** ● ローレンス・ブロック P.23

● ローレンス・ブロック
Lawrence Block
テーブルまわりで使える
銀製品をさがすならココ

国内のオークションやアンティーク・フェアで選りすぐったフラットウェア、食卓用銀器、ジュエリーを扱うお店。カトラリーやティースプーン、茶漉しは最もよく売れるアイテム。「ＨＰも開設しているので訪ねて、買い得よ」。
Vaults 28 & 30,The London Silver Vaults,53 Chancery Lane,London WC2A 1QT
☎0171-242-0749
✚Chancery Lane
■OPEN/月～金曜　9.00-17.30　土曜　9.00-13.00
■WEBSITE/www.lawrenceblock.co.uk

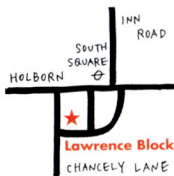

● アトラム・セールス・アンド・サーヴィシズ
Atlam Sales & Services
ノーブルな方々の屋敷を飾った
美しい銀製品のゴールドマイン

憧れのティーポットやフラットウェア、フォトフレームなど日本人好みの銀器も熟知してアドバイスしてくれる親切なマダムがいるので、安心して買い物ができる店。デコラティブで美しいシルバーウェアを集めている。
77 Portobello Road,London W11
☎0171-602-7573
✚Notting Hill Gate
■OPEN/土曜　7.00-16.00
■WEBSITE/www.atlam-watches.co.uk
■EMAIL/info@atlum-watches.co.uk

● ピーター・K.ワイス
Peter K. Weiss
目の付けどころがいい
めずらしい時計や銀製品のお店

1958年からシルバー・ヴォールツで骨董店を開く二代目で、ピーターさんは時計専門。メカ好きのピーターさんはデジカメも駆使。博識かつとても親切で、純銀の鑑定法をていねいに教えてくれる。ナイチンゲールが歌って羽ばたくオルゴールやフクロウ型デスクベルなど、可愛い機械が目白押し。
18,Silver Vaults,53 Chancery Lane,London WC2A 1QT
☎0207-242-8100
✚Chancery Lane
■OPEN/月～金曜　9.00-17.30
　土曜　9.00-13.00

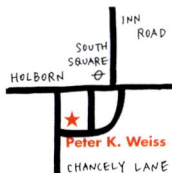

どの時代にも好きなスタイル

Antiques in any time
Attract you
With styles

● Text by

小関由美
こせき ゆみ

毎年恒例のロンドン行きの日が、今年も近づいてきました。アンティークの買い付けがメインの場合は、秋から冬に出かける場合が多いけれど、本の取材の場合は、天気のよい６月に出かけます。

出発が近くなると、イギリス在住の友人たちに連絡をとりますが、その中のひとりから、「ちょうどあなたと同じような趣味の友人が同じ時期に来るから、一緒にアンティーク・マーケットに行かない？」とのお誘い。いいね、行こう行こうと、返事をしました。

私と同じような趣味、というと、ジャンク、またはブリック・ア・ブラックと呼ばれる、どちらかというと骨董価値を求めるものではなく、悪く言えばガラクタ、よく言えば雰囲気のある雑貨、とでもいうべきもの。イギリスでは100年ほどたったものをアンティークと呼びますが、最近は価値のあるものならば、50年ほどでもアンティークというようです。私が好きなものとは、その端境にある、フィフティーズやシックスティーズという、年代のもの。とはいっても、いろいろなものがあり、とくに好きなものといえば、ロケット・ライト。プラスティックのファイバーで円筒形に作られたシェードに、細い３本のウッドがそれを支えています。

最初に見たのはイエローで、その次はオレンジ。そういったシックスティーズらしい色合

いが気に入ったのですが、現在ウチにあるのは白。これが意外に畳敷きの和室にあります。この年代は、アメリカのもののほうが有名ですが、イギリス製のよいところは、サイズが小さいこと。だから日本の家にもぴったりなのです。

フィフティーズのほうでは、「カールトン・ウエア」という、流線型の涙型をした薄手の陶磁器のお皿が気に入っています。この皿に使われているモスグリーンというのは、フィフティーズの定番の色で、私のとても好きな色でもあります。

さあ、こういったものをどこへ探しに？その友人の友人とは、まずデコ・フェアに行くことにしようかな。

「デコ・フェア」というのは、正しくはアール・デコ・フェアという、1920年代に流行したスタイルのものを一同に集めた、マーケットとは違う１日（もしくは２日のときもある）かぎりのイベントです。

デコ・フェアとはいえど、その時代のものしかない訳ではなく、スタイルの似た、他の時代のものもあります。

日本人にもなじみの深いスージー・クーパーなどはこのフェアで多く売られています。スージーの名が広まるにつれて、取り扱う店も増えてきました。以前はほとんどの店が扱った時期もありましたが、最近は、やや落ち着いてきた感じです。あとはスージーよりもイギリス人に人気なのが、「クリフ」「シェリー」といった陶器ブランド。日本にも入ってきてはいますが、実物をぜひイギリスで見ていただきたい一品たちで

ハニーライム・ストーンと呼ばれる独特の石を、コッツウォルズでは建物によく使う。

マッキントッシュ設計による「ヒル・ハウス」内装デザインもすべて彼によるもの。

地方で行われるアンティーク・フェアの風景。このときはインドアだけであった。

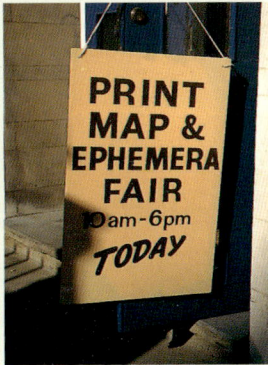

PRINT
MAP &
EPHEMERA
FAIR
10am-6pm
TODAY

アイテムを限定したフェアもある。エフェメラとははかなく消えてゆく紙もののこと。

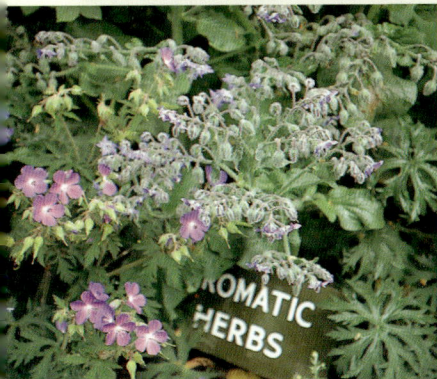

AROMATIC
HERBS

室内インテリアのミュージアムの裏は、ハーブガーデンであった。

OPEN
Castle
Antiques
Market

PLEASE COME IN
AND BROWSE
UPSTAIRS AND
DOWNSTAIRS

地方のアンティーク・マーケットは、趣深いところが多い。

私の好きな
イギリスの
雑貨・アンティーク

早朝のコベントガーデン、
ジュビリー・マーケット。

秋に訪れると、こんなに落ち葉
でいっぱい。動物園の船着場。

コッツウォルズにある
モーターミュージアム
から見た風景。

す。

またイギリスでアンティークといえば、ヴィクトリア朝時代のものは、はずすことはできません。しかしよくいえば重厚、悪く言えば重苦しい手工芸品たちを、私自身は歴史的興味はあるものの、アンティーク自体をあまり好きになることはありませんでした。

しかしあるとき、アンティークの本で、「クリストファー・ドレッサー」という人の作品を知ることにより、「ヴィクトリアンでも私の好きなものはあったんだ！」という思いを新たにしたのです。

彼の作品の実物を初めて見たのは、アンティークの宝庫、ヴィクトリア＆アルバート・ミュージアムにて。ステンレスのコーナーに、なにげに置いてあったものが数点、あまりに無造作に飾られていたので、とてもびっくりしました。彼の作品はオリジナルなもので数千ポンド、レプリカでも高いと聞いていたので、

「いつかね・・・」

と、思いながら、アンティークのカタログを眺めるだけでした。しかし最近、アンティークではない取材で、とある雑貨店に行ったとき、私をひきつけてやまないものがありました。これは？とプレスの方にたずねると、バウハウスの頃のレプリカだとか。ドイツのデコの時代とも呼べるバウハウスのスタイルは、私も気にいっているのでそれでかしら？

と思い、帰ってきてからいただいた資料を見てみると、そこにドレッサーの名が！そしてその資料には、彼が庭師であったこ

と、ハンドメイドが主流の時代に、工業製品としても通用するデザインを考え始めた人、といったことが載っていました。いやいや、驚きです。ヴィクトリア朝時代には産業革命が起こり、その大英帝国の隆盛を世界に知らしめるために、水晶宮・クリスタルパレスと呼ばれる美しい建築物をシンボルにして、万国博覧会が開かれました。そのときに最先端の素材として、ステンレスを使った品々が出品され、それが評判を呼んだそうです。ステンレスのアクセサリーも作られたとか。現在ではあたりまえの素材なので、ちょっと信じられないことですが。

アール・デコとよく比較されるその前のスタイル、アール・ヌーボーは、デコが直線的でシンメトリーを基本とした、大衆のためのデザインだとすれば、花や草、虫といった自然の素材が持つ曲線を重んじた芸術性の高いスタイル。中心となるのは、パリ。今でもメトロの入り口などに、それを見ることができます。

さすがの私も、アール・ヌーボーでは気に入るものがなかろう、と考えていたのですが、ありました。それもスコットランドに。

背もたれの部分が高く、格子になっているハイバック・チェアのデザインでも有名なマッキントッシュは、「スコティッシュ・アールヌーボー」と呼ばれる、大傑作です。

変わり者だったらしく、当時はあまりその芸術性が理解されなかったようですが、彼の生まれ故郷、グラスゴーに行くと、

その作品を多数見ることができます。その作品たちは写真集などで見るよりも、もっと壮大な総合芸術でした。ぜひ実物を見ていただきたいものです。

こうして、探してみると、どの時代にも、私の好きなアンティークのスタイルが見つかってしまうのです。これはイギリスのアンティークの懐の深さに他ならないと考えているのですが、どうでしょうか。実際に見て、そしてご自分でそのよさを判断していただきたい、と強く熱望する一品たちがざくざくと、イギリスにはあるのです。

Yumi Koseki ●
小関 由美

編集プロダクション、出版社勤務の経て、1989年イギリスへ渡り、『CALLAN ENGLISH SCHOOL OF LONDON』入学。語学修得のかたわら、ヨーロッパ各地を旅する。現在はフリーランスとして編集、文筆にたずさわっている。

大好きな
花に囲まれて

Surrounded
by my flowers

● Interview with

酒井しょうこ
さかい しょうこ

バラのモチーフの花瓶には、
庭で摘んだばかりのバラを生けて。

しょうこさんとイギリスを結ぶきっかけとなったのは、アンティークとの出会い。

20歳ごろに原宿の森英恵ビルの地下でスージー・クーパーのパトリシアローズを見て、色使いから形から、作り出す雰囲気に一目で魅了されてしまったそう。

スージー・クーパーとはアンティーク好きの人の間でとても有名な陶器デザイナーです。芸術的、というよりも生活の中で実際に使われることが第一に考えられていて、スージー独自のセンスがひとつひとつに込められています。

しょうこさんの一目惚れしたパトリシアローズという作品は、1941年もので、暖かな色合いをベースにして中央に愛らしいバラが描かれている物。現在しょうこさんがご自宅で使っている食器はすべてスージー・クーパーのもので統一。それらの多くは、イギリスに住んでいたころにマーケットで買ってずっと愛用している宝物です。

「イギリスに住んでいたころは、毎日カムデンロックやポートベローのマーケットを歩き回っていました。今考えると驚くような安い値段で買うことができましたね。スージー・クーパーのウエディングリング、パネルスプレー、ガーランドなどもその時にマーケットで購入しました。出会った時の嬉しさや思い出は今でもはっきりと覚えています。どんな人

が売っていた、とか顔まで覚えている人もいます。結婚する前に一人で1ヶ月イギリスに行ったときも、マーケットで人にあきれられるくらい買っていましたね。食器、洋服といろんな物を買って帰国のときにはダンボールで5箱くらいになっちゃって。」

スージー・クーパーの食器をはじめとして、しょうこさんの好きなものにはお花が描かれていたり、モチーフとなっている優しい色合いのものが多いです。しょうこさんにとってお花とは、小さなころから常に身近にあったもの、なくてはならないもの。そんなお花好きはピアノの先生をしていたお母様の影響があるようです。

「母の一番好きなお花はテッポウユリでした。家の庭にもたくさんお花を植えていて、家の中にも常に切花が生けてありました。わたしに作ってくれる洋服にもお花の刺繍がしてあって。そんな母の影響でお花が昔から好きだったんでしょうね。娘の景都もお花が好きですし。」

最近しょうこさん専用のお庭を造ったそうで、写真を見せていただきました。生い茂った緑の中に咲いた白い花が可憐に引き立てられています。

「4畳半くらいのスペースのベランダに、白をテーマに作っています。バラはもちろん好きで、わたしもテッポウユリが好きなんですね。ユリの花が咲く6月は本当に綺麗で見とれてしまいます。お店のマチルドのテーマもオープンのときからバラとユリ。ほかにスワニーというつるバラやハーブを植え

❶しょうこさんのお
庭。テッポウユリをは
じめとして、白で統一
されている。
❷桜が満開の4月の
キューガーデン。娘さ
んと一緒に。
❸旅行がお好きな
しょうこさん。旅先で
の一枚。

❷

❸

❹

❹愛すべきスージー・
クーパーの食器たち。
❺バラの冠を戴いた
マリア様。
❻やわらかい光がこ
ぼれるバラのランプ
シェード。

❺

❻

❶ 好きなものだけを
ディスプレイしたお気
に入りのスペース。
❷ ずっと憧れていたと
いうイギリスには、今
でも年に一度は行くよ
うにしているそう。

❸ 壁の色のベージュピ
ンクがやさしい雰囲気
を作り出す。
❹ 少しずつ集めたスー
ジー・クーパーの食器
は、普段の生活にも使
われている。

ロンドンに住んでいたころに
よく通ったティー・ルーム。

ています。」

お庭の方にもガーデニングがされています。こちらの方はご主人と一緒に、ということ。

「やはり、わたしが好きなのでバラが多いですね。イングリッシュローズ系。ピンク色がかわいらしいフェアリー、エンジ色で香りがいいパパメイアン、はかないピンクのマチルダ、淡いピンクでオールド系のピエルドロンサールなど。午前中に水やりすることが日課なんですけど、心がなごんで元気になります。天気のいい日は小さな椅子とテーブルを出して、娘とランチをとったり、紅茶を飲みながらおしゃべりしたり。」

お花の話をするときの表情からもそんな気持ちが伝わってきます。花と過ごす時間が普段のすてきな笑顔をつくっているのでしょうね。

現在世界にあるバラの品種はなんと2万種以上。大きく分けてオールドローズ、モダンローズ、ワイルドローズの3種に分類されます。イングリッシュローズはオールドローズとモダンローズを交配し、双方の長所生かして作り出された新種のバラです。ひとくちにバラといっても形も色も多種多様。名前もかわいいものからユニークなものまであって、楽しむことが出来ます。

お庭だけでなく、しょうこさんのご自宅のインテリアや内装もとてもすてき。

「家は、デザインはわたしが、設計は主人がしました。イギリスに住んでいた頃に見た、お部屋の色が一室ごとに違うことに影響をうけていたりして。キッチンの壁の色はカメオのよう

な黄色がかった優しいベージュ。リビングはスージーの食器にあわせたベージュピンク。バスルームはブラウン系のピンクです。」

ショップのテーマの色もエンジとベージュピンク。暖かくて優しい気持ちになれる色合いがお好きです。しょうこさんの雰囲気ともぴったりです。お部屋のコーナーもまるでショップのディスプレイのよう。

「エドワード朝時代のバラの花瓶とシェードと小さめのピッチャーは、別々にマーケットで見つけて買ったもの。3点セットのようですよね。

お客様にも人気があって、買い付けに行く度に探していますが、一回にひとつ見つかるかどうかという品です。」

アンティークの香りたっぷりのミラーも目を引きます。

「これはバーボラミラーといって、鏡の上の部分に粘土で作られた花の飾りがついています。このマリア様にもバラがついているんですよ。これはイタリアのアンリという彫刻家の作品で、アンティークではないのですけれど。」

好きなものや色合いが統一されているので、置いてあるものすべてがしっくりと溶け合って落ち着いた雰囲気を醸しだしています。

「小さい頃から母に高くてもいいものを買って長く大切に使いなさいって言われて育てられました。イギリスでも、まさにそんな精神を感じますね。代々使われている家具を中心にインテリアが完成されていたり。ものを大切に長く使う風習が身についているのでしょ

うね。アンティークの魅力も同じところにあると思います。古いから価値があるのではなく、大切に長く使われて愛されているものだから素晴らしい。わたしはいつも使うものだから、高くても自分が本当に気にいったものや憧れているものをすこしずつ揃えていくことが楽しいと思います。」

実際にスージー・クーパーの食器を愛用しているしょうこさん。普段使いのアドヴァイスを教えていただきました。「バラの絵が入ったものは、そればかりだとくどくなってしまうので、ウエディングリングなどのシンプルなものと併せて使うといいですね。バランスを見て無地と花柄を組み合わせる。私自身では、自然に選ぶ組み合わせもありますが、その日の気分で気持ちよく使えるものを選びます。」

しょうこさんのファッションのスタイルもシンプルで品がよい。アクセサリーは象牙や黒のジェットのバラものなどを使うそうです。ジェットとはヴィクトリアンジュエリーのひとつで、イギリスのマーケットで多く見ることができます。花を暮らしの中の様々なシーンで取り入れているしょうこさん。暮らしぶり全ての中に、自分が居心地いい、優しい気持ちになるものを大切にしていることが表れています。自分が本当に好きなものを見つけることで、自分だけのライフスタイルを作っていけるのです。

Shoko Sakai ●
酒井 しょうこ

『マチルド・イン・ザ・ギャレット』(Tel:03-3461-0903)オーナー。広告、映画等のスタイリストを経て渡英。帰国後の1985年、代官山に今の店をオープン。オリジナルのアンティークな雰囲気の洋服や小物のデザインも手がける。

花器 & ガラス器

VASE & GLASS

**優しい陶製の
花かごと一輪挿し**

優しい表情が魅
力の、バスケット
を象った陶製の
花かご。羽根を描
いた一輪挿しは
50'sのもの。
　一輪挿し£14、
バスケット£8。
SHOP ● アルーカズ・
オブ・イズリントン
P.51

熟 練の手によってひとつひとつ繊細なカット
や彫り模様がほどこされるグラス類。作ら
れた時代の先端テクノロジーを顕著に写しだす鏡
のような存在にも感じられ、1脚を慈しむ気持ちが
湧いてきます。南イングランドの小さな町ライを訪
れると、町自体がアンティークのように愛らしく、石
畳の坂道に雑貨店やカフェが肩を並べていました。こ
こで見つけた食器屋さんでは、イギリスの陶工たちが創
意を凝らしたさまざまな花器が目を楽しませてくれています。

シェイプもカラーも可
愛い50'Sスタイル

50'sのグッド・デザイン
花器、エッグカップとして
デザインがいいフィフ
ティーズのもの。微妙な色
あいがおしゃれ。
エッグカップはピンクとパテ色の
ペアで¥3,200
SHOP ● ジェニオ・アンティカ P.127

デコ・シェイプの
存在感ある花器
大理石のような焼き肌
と鮮やかなアースカラー
に、ヘアラインの螺旋模様
で曲線を強調しながら直
線的な取っ手を合わせた、
デコっぽいデザイン。
£7.50
SHOP ● ストランド・ハウス P.17

花の愛らしさを引き立てる
にじんだブルーが魅力的
両側の取っ手の飾り、花のようなシェ
イプ、ブルー・トーンの色といい、シンメ
トリーに有機的な要素がミックス
されて魅力を増している花器。釉薬を
使っていないマット・ガラス製。
1930年代。 SHOP ● ストランド・ハウス P.17

デコのガラスとかわいい手編みのジャグ・カバー
クリアなグリーンが涼しげなガラス花瓶と、鉤針で網状に編んだ
ジャグ・カバー。カバーはレースの縁に風に飛ばないようおもりの
ビーズが付けられ、中にハエや埃などが入らないように防いだ。
花瓶:1930年頃 £14.50 ジャグ・カバー:1940～50年代 £3.50
SHOP ● ストランド・ハウス P.17

LOUIS MEEUS
ANVERS

横置きが珍しい、20世紀初めのボトル
ベルギーのアントワープの会社のものらしいボトル。
寝かせるスタイルが新鮮。色は深いグリーン。
¥9,500 SHOP ● チーキー P.126

VASE & GLASS

ふだん使いできる ボヘミアグラス

ボウル部分の美しいルビー色と、透明な台座のやや硬質な感じが魅力。現代の工場で作られた大量生産のゴブレット。これならふだんに使えそう。

£10
SHOP ● モーサ・アンティークス **P.35**

金魚が泳いでいる 美しい彫刻ガラス

金魚を彫ったルビー色の円パネルが水玉状に全面に巡らされ、水槽を覗くように涼しげに見えるボヘミアグラスのビーカー。ドリンク用のタンブラーや花瓶に。

1890～1900年。£360
SHOP ● モーサ・アンティークス **P.35**

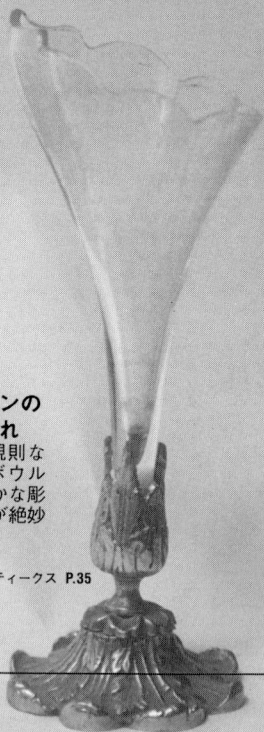

ヴィクトリアンの 装飾的な花入れ

花のような不規則な曲線を表したボウルのシェイプ、微かな彫刻、真鍮の台座が絶妙なバランス。

£65
SHOP ● モーサ・アンティークス **P.35**

ニワトリのふっくらした丸みや表情をリアルに表した、涼しげなサファイア・ブルーの型押しグラス容器。

イギリスのおすすめ買物スポット 花器&ガラス器

● モーサ・アンティークス
Mousa Antiques
19世紀後半のボヘミアガラス
目利きオーナーがセレクト

ボヘミアグラスが揃う専門店。「彫刻がきれいでクリアなものを選んでいる。中心は19世紀後半、実はそれより古いものはうちでは高すぎて買えないんだよ！ 値段は時代だけではなく彫刻の美しさと細工の細かさで決まるんだ」とモーサさん。助言も適切で頼もしい。
B20 Grays Mews Antique Market,1-7,
Davies Mews,London W1Y 1AR
☎0171-499-8273
⊖Bond Street
■OPEN/月～金曜　10.00-18.00　土・日曜定休

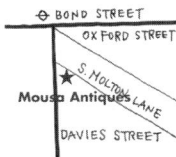

● ジ・オールド・ボトル・ショップ
The Old Bottle Shop
香水瓶、薬瓶、マーマレード瓶
あらゆるボトルが並ぶショップ

Greenwich Market内にある古いボトルの専門店。「最初は牛乳瓶とか、簡単に集められるものから始めたら、こんなになっちゃった」とオーナーのアン・ファレルさん。今ではあちこちから問い合わせが来る人気店。£10以上で1割引に。各種ボトルのまぜこぜボックス£10。
Unit 7, 17/18 Stock Well Street,
Greenwich,London SE10,9JN
☎07930-200-584
国鉄Greenwich駅、⊖ドッグランズ線のCuty Sark駅
■OPEN/月・水曜10.30-16.00　金曜14.00-16.00
土曜8.30-17.30　火・木曜定休

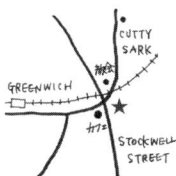

● ジ・オールド・ステイブルズ
The Old Stables
オブジェからオーナメントまで
ステンドグラスの専門店

美しい歴史のある町ルイスにある、200年前の廏舎を利用したステンドグラスのワークショップ。ティファニー・スタイルのランプから〝くまのプーさん〟のオーナメントまで、創意溢れるガラス製品が充実。リラックスした雰囲気の中、職人の仕事も覗ける。
Market Lane,Lewes East Sussex BN7 2NT
☎01273-475433
国鉄Lewes駅
■OPEN/月～土曜　9.30-17.30　日曜・ゴッドフライデー・イースターマンデー・8月のバンクホリデー
11.00-16.00
■WEBSITE/www.oldstables.co.uk
■EMAIL/info@oldstables.co.uk

ガーデン雑貨
GARDEN GOODS

懐かしい感じがかわいい
昔の一般的な買い物カゴ。「おばあちゃんがコレ持って卵を買いに行っていたのよ、覚えてない？」とお店のジェーン。
1940年代。£14
SHOP ● カントリー・ウェイズ・アンティークス P.39

ステッチのような編み方が小粋
布地のテキスタイルのようにアクセントカラーが編みこまれたバスケット。ガーデンの脇役に。
¥15,000　SHOP ● とおめがね P.127

ガーデン用のアイテムは、カントリーサイドへ赴いて古い町のアンティークショップを覗いてみるのがよさそうです。なぜなら、緑がぐわしい牧草地や果樹園、はたまたハーブや花々が溢れる庭を管理していた土地の主たちのさまざまな道具に出逢えるから。イーストサセックス州ライの町の小さな運河の船着き場前には、そんな古道具を扱うお店がさんでいます。

本格的気分を目指す日曜園芸家たちへ

刈り取ったフルーツなどを入れて運んだガーデン用トラグ。巨大な握り鋏のような庭師用ハサミと。握り鋏shearsのルーツはギリシャで、羊の毛切り用だった。
トラグ£23、ハサミ£7.50
SHOP ●カントリー・ウェイズ・アンティークス　P.39

春には花を
秋には果実を飾って

手編みならではの歪みがどこかホッとするフルーツバスケット。花を活けたり、果物をアレンジしたり、ミニ鉢を並べても。
1940年代。£12
SHOP ●カントリー・ウェイズ・アンティークス　P.39

戸外が似合う柳の枝編み細工

ペットを運ぶキャリー・バスケット。小窓とレザーの紐が、そんな用途を感じさせる。
£14
SHOP ●カントリー・ウェイズ・アンティークス　P.39

なじんだ風情が
魅力のかごたち

傷み具合も味わいある庭用バスケット

いかにも昔よく使われた生活の道具だったようなカゴ。繊細な持ち手や編み目はグリーンやハーブを引き立ててくれそう。
£15
SHOP ●ザ・キー・アンティークス・アンド・コレクタブルズ　P.39

実用一点張り
年代物の風格が漂うトラグ

庭や畑で充分働いたような古色を帯びた感じが、なんともいい味。
1900年頃。　SHOP ●ローズマリー・コンクェスト　P.39

GARDEN GOODS

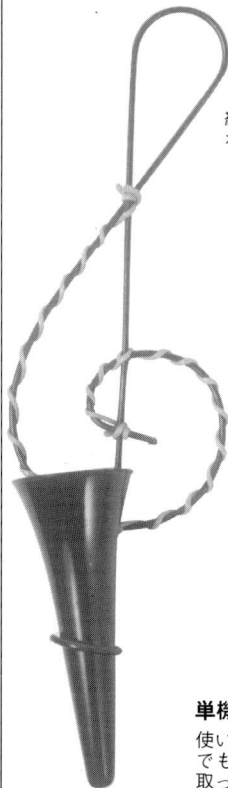

細いワイヤーが
ポップでキュート

ト音記号？50'sのポップな花入れ

黒と黄色のコンビカラーが冴えている、50'sの壁掛け用プラントポットとプラントディスプレイ。

ポット￥4,800、一輪挿し￥4,500
SHOP ● ジェニオ・アンティカ P.127

単機能な道具こそアンティークで

使いこまれて味わいあるジョウロ。今でも立派に使えるガーデンツール。取っ手と首の長さ、傾斜の関係も使いやすそうにデザインされている。
SHOP ● カントリー・ウェイズ・アンティークス P.39

ヴィクトリアンの
ワイヤーバスケット

本来は卵や野菜、パンなどを入れるために使われていたもの。アイビーをハンギングしたら似合いそう。

1896年。￥48,000
SHOP ● マチルド・イン・ザ・ギャレット P.126

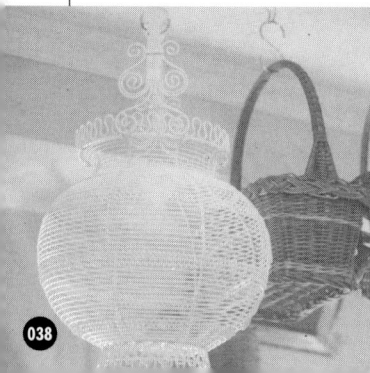

小鳥のための小さな水飲み場

庭用の石のオブジェ？と思いきや、庭にくる鳥たちのために水を提供する置物。小さいほうは珍しいため、値段が高い。
大£22、小£33
SHOP ● チャーチヒル・アンティークス・センター P.51

鳥たちが安らぐ
ガーデン用巣箱

庭やベランダのアクセサリーとしても可愛い巣箱。アンティークではなく現代物。

茶色のとんがり屋根£10、
赤い屋根£11
SHOP ● アフター・ノア P.115

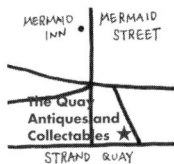

● ザ・キー・アンティークス・アンド・コレクタブルズ
The Quay Antiques and Collectables
石畳の町ライにある古道具屋さん
ロンドンから車で南へ２時間、ライの町にあるお店。ヴィクトリアンの台所用品から園芸道具、農具、家具、が中心。「日本のミシンが人気、イギリスでも大陸でも集めている人が多くて、仕入れるとすぐ売れる」と、オーナーのチコーネ氏。
6-7 The Strand,Ray East Sussex
☎01797-227321
国鉄Rye駅までは、Ashford International駅から、East-bound方面列車に乗り換えて30分弱
■OPEN/クリスマスを除く毎日　10.00-17.30

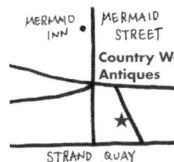

● カントリー・ウェイズ・アンティークス
Country Ways Antiques
ライにある小粋な古道具のお店
主な商品は仏製ほうろうのキャニスターやさまざまな台所用品、パインやオークの家具、レース、ガーデン用品。女主人ジェーンさんが、女性らしさのある古きよき物を現代の暮らしにオシャレに活かしていて、ディスプレイも楽しい。
Stand Quay,Rye East Sussex
☎携帯　077127-33856
国鉄Rye駅までは、Ashford International駅から、East-bound方面列車に乗り換えて30分弱
■OPEN/毎日　10.00-17.00

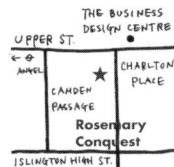

● ローズマリー・コンクェスト
Rosemary Conquest
デコラティブ・アイテムを厳選
「長くオランダに住んでいたので、18世紀ヨーロッパの装飾的な家具が好き」というアムステルダム出身の女性オーナー。オランダ、フランス、スウェーデンなどから買い付けてくるインテリア＆エクステリアのアンティークが充実。
4 Charlton Place Camden Passage,London N1 8AJ
☎020-7359-0616
⊖Angel
■OPEN/月・火・木・金曜　11.00-17.30　水・土曜9.00-17.30　日曜定休

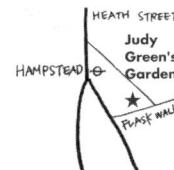

● ジュディ・グリーンズ・ガーデン・ストア
Judy Green's Garden Store
庭がテーマのギフトショップ
高級住宅街にある、園芸をテーマにしたギフトショップ。狭い店内に、今ふうの洒落たナチュラル系ガーデングッズをきれいにディスプレイしている。オーガニックの花の香りのバスソーク（ティーバッグ）£8.95、鳥の巣£5.95。
11 Flask Walk,Hampstead,London NW3 1HJ
☎020-7435-3832
⊖Hampstead
■OPEN/毎日　10.00-18.00(日曜　11.30-)　無休

キッチン用品

KITCHENWARE

カムデン・パッセージにて。昔の家庭で大活躍し、今も現役で目を楽しませてくれる可愛らしいキッチン雑貨たち。

エナメルの保存状態も完璧

ほうろう引きのキャニスターの中でも、とくに日本で人気の高いのが小麦粉ストッカー。これはエナメルの損傷も少なく大切に使われていたのがわかる。丸みが美しい水差しは、取っ手が黒、注ぎ口が青のエナメル。

小麦粉入れ￥16,000、水差し￥14,800

SHOP ● レッド・バロウ P.125

昔はオーヴンの
そばに必ずあっ
たマッチ入れ。

ALLUMETTES

台所のマッチ入れも
様式ある装飾が
鉄にほうろうをかけた壁
掛け用マッチ入れ。
¥26,000
SHOP ● レッド・バロウ **P.125**

可憐なスミレの花が
描かれたほうろう
フランスで使われてい
たほうろうのポットは、
イギリスでも人気の高
いキッチンツールのひ
とつ。菫の絵と赤いライ
ンが洒落ている。
£68
SHOP ● セーラ・レムコウ・アン
ティークス **P.51**

The

Café

Poivre

日本で人気の高いほうろうのキャニスター
赤と白のカラーリングが可愛いキャニスター。
もともとはたくさん種類があったはず。
紅茶とコーヒーと胡椒入れ3個セット
¥35,000　**SHOP** ● とおめがね **P.127**

ブルーの幾何学パターンが粋
青一色による軽快な連続パターン
が爽やか。
£78
SHOP ● セーラ・レムコウ・アンティークス **P.51**

衛生的な保存容器、と
人気を博したほうろう
これは昔の家庭で歯ブラシをしまうなど、
洗面の水まわりで使われていた小物入れ。
¥24,000　**SHOP** ● レッド・バロウ **P.125**

気になるデコスタイル
1930年代にオランダで作
られたほうろうのバター
ケース。ケース部分と受け
皿が一体成型。
¥14,000
SHOP ● レッド・バロウ **P.125**

KITCHENWARE

きれいな空色のキャニスターたち
30's以前に作られたほうろうの
シュガー＆コーヒーキャニスター。
各￥28,000　**SHOP** ●ラスブー P.127

**ワンルームの台所に
便利なパンラック**
5段タワーになったソー
スパン＆ディッシュ・
ラック。収納アイテムで
も愛嬌たっぷり。
高さ87cm。￥20,000
SHOP ●ラスブー P.127

絵柄が派手で夏向きな陶器のバターケース
ビタミンカラーの彩色が楽しい気分にさせる、
陶製バターケース。50's以降の新しいもの。
各￥28,000　**SHOP** ●ラスブー P.127

人気のほうろう
キッチンツール

ロンドンのカムデン・パッセージは、磨り減った石畳の路地にアンティークショップが軒を並べる、昔ながらの風情があるマーケット。この一角にキッチンツールを扱っているショップがあったので、中を覗いてみると、空色のほうろうポットが目に飛びこんできました。

そろそろ店じまいで、はやばやと椅子に腰を下ろしてくつろいでいたマダムは、自慢のコレクションが注目されたのが嬉しそう。「ほうろうのものは国内でも探すけど、フランスの中部地方のものは色もキレイで上質。足を棒にして探してくるのよ」と、こっそり教えてくれました。

カムデン・パッセージにあるセーラ・レムコウ
は台所用品が充実。

使うよりは
装飾用に

きれいな水色の
ストライプの上
に花のボーダー
を渡した、ほうろ
うのミルクパン。

¥48,000
SHOP ● マチルド・イン・ザ・
ギャレット P.126

白地に朱赤の縞の
ほうろう鍋3点セット

エナメルがきれいに保たれている。
B.B.Torseine社のものでお揃いの
キャニスターも作られている。

大中小3点セットで¥58,000
SHOP ● マチルド・イン・ザ・ギャレット P.126

Coffee

メタルと赤と木のコンビ
ネーションが粋

金属素材の赤のペイント
にウッドのコンビネー
ションが可愛い。

¥15,800
SHOP ● チーキー P.126

人気アイテムの
壁掛けコーヒー・ミル

鮮やかなセビリアンブ
ルーがクリーム色にマッ
チ。陶器と鉄と木とガラ
スでできたイギリスらし
いコーヒー・ミル。

¥45,000　SHOP ● チーキー P.126

50'sの壁掛け式
スパイス入れセット

アルミ製の壁掛け式スパ
イスキャニスター・ラック
セット。クールなカラーリ
ングがいかにも50's。
SHOP ● レッド・バロウ P.125

GINGER　NUTMEGS　CINNAMON　PEPPER　ALLSPICE　CLOVES

KITCHENWARE

ドングリのつまみと
リスのレリーフ付き

この愛らしいジャム
ポットは陶器メーカー
Crown Devonの50年代
のもの。デヴォン州ののどかな田園でいただくスコーンに欠かせない、ホームメイド・ジャムのための器。
1950年代。£30
SHOP ● アルーカズ・オブ・
イズリントン **P.51**

お値段までかわいい小さなジャグ

小さくても形は本式。ソースやドレッシングなどを入れて使うジャグ。
£1.50　**SHOP** ● アルーカズ・オブ・イズリントン **P.51**

鮮やかな手彩色の形のいいジャグ

形といい色といい、どこかペンギンを彷彿とさせるジャグ。格子柄はハンドペイントによるもの。1950年代、工房での職人の習作。
£12　**SHOP** ● ストランド・ハウス **P.17**

蜂の巣が
そのままポットに

優しいハチミツ色で蜂の巣を象ったハニー入れ。1匹だけ描かれたミツバチが画竜点睛の妙趣。
1930年代。¥7,800
SHOP ● マチルド・イン・ザ・
ギャレット **P.126**

柔らかいグリーンとピンクのバラが絶妙

バラの絵と色使いがとても可愛いジャグ。60-70'sのものでVogue Modeling by H.Aynsley & Co.と印されている。「今もある製陶会社で、有名なエインズレーとは別。ヴィクトリアンから戦前まで多数のメーカーと取引をしていたから、エインズレーとも契約していたと思うよ」と、お店のモーリス氏談。
£6　**SHOP** ● ストランド・ハウス **P.17**

デンマーク女性の
ストールで発見

フェアで見つけた親しみやすい表情のポット。デンマークの中堅陶器メーカーSuholm Ceramics社の50-60'sのもの。未来のコレクタブルになる？
£40　**SHOP** ● インガー・フロスレヴ・クリステンセン **P.51**

容れ物も
表情が多彩

イギリスで作られた
パイレックス社の製
品には、王冠のような
マークが付いている。

**英国で作られた
パイレックス**

アメリカの耐熱器
メーカーPyrex社で60
〜70年代にイギリス
で作られた製品たち。
US製にはない微妙な
色や柄が魅力。
野菜柄キャセロール（蓋付
き）¥6,800、蓋付きボウル¥
4,900、カラフルなビーカー
各¥2,300、グレーとブルー
の連続柄ボウル¥3,200、両
手恒みキャセロール（ロー
ズ・パターン）各3,200
SHOP ● チーキー P.126

KITCHENWARE
計量アイテムも
多彩にして多才

ベージュと赤の色使いがおしゃれ
しっかりした重みのあるブリキ製トレーを
上に戴いている頑丈そうなスケール。ライト
ベージュと赤のコンビカラーもナイス。
¥26,000　**SHOP** ● レッド・バロウ　P.125

レトロ・モダンなデザインが新鮮
キッチンメーカーSalter社の秤。重量の
目盛り単位はオンス。液体が計れる深底の
プラスチックカップには、カップ、パイン
ト、リットルの3種類の目盛りが刻まれ
ている。台座部分は、ほうろう仕上げ。
¥10,000　**SHOP** ● レッド・バロウ　P.125

アンティークほど年代の古くな
いものを扱うお店では、ブ
リック・ア・ブラックと看板に掲げて
いるところがあります。ちょうど店名
にこの言葉を掲げる、100年以上前の
立派な家具も扱うお店があったので、
意味を尋ねると「small things」小さな
ものたち、というなかなか奥ゆかしい
素敵な答えでした。計量のためのス
プーンやカップなどは、まさに小さな
ものたち。可愛い未来のアンティーク
という気がします。

コレクターの多い
Smithsのキッチンタイマー
タイマーや時計で有名なSmiths社が
ミッドセンチュリーに作ったプラス
ティック製キッチンタイマー。
¥7,800　**SHOP** ● チーキー　P.126

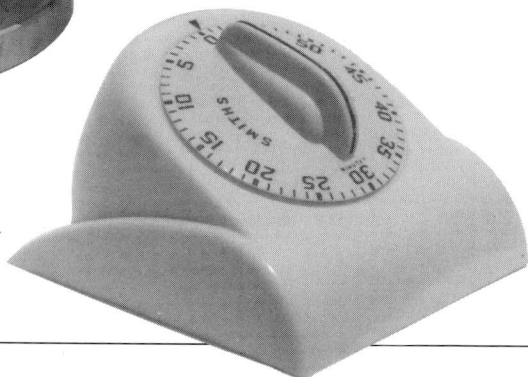

小麦粉や砂糖を
ひとすくいする
と分量がわかる。

ほうろうの
計量カップとスコップ
空色にブルーのエナメル
の計量器具シリーズ。駄菓
子屋さんにありそうなス
コップ型3つは製菓用?
計量カップ¥18,000、計量スコッ
プ大¥15,000、小各¥8,500
SHOP ● チーキー P.126

カクテルを作るための
計量&くるくる
柄の部分が4段の目盛り
付きメジャー・キャップに
なっていて、そのままかき
混ぜるのに使える。
1920〜30年代。¥12,000
SHOP ● グローブ P.125

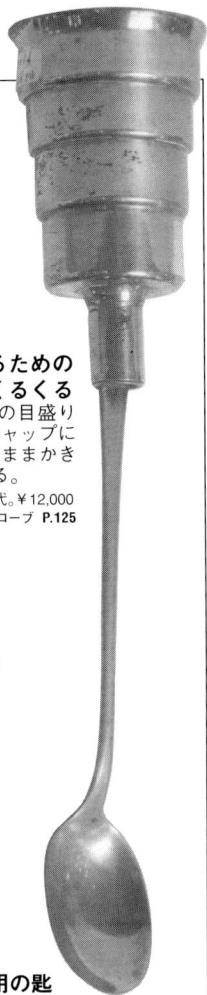

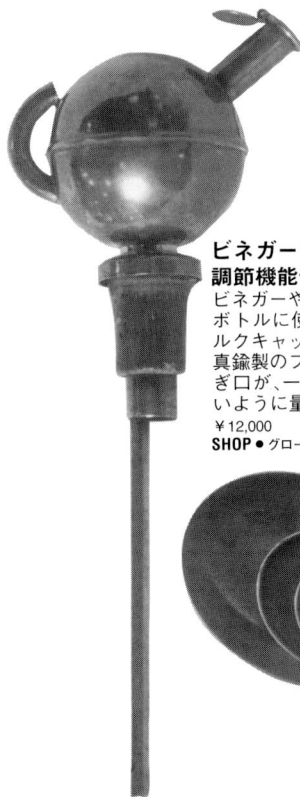

ビネガーやオイル用の
調節機能付き注ぎ口
ビネガーやオイルなどの
ボトルに使う注ぎ口。コ
ルクキャップの上にある
真鍮製のフラスコ型の注
ぎ口が、一遍に出過ぎな
いように量を調節する。
¥12,000
SHOP ● グローブ P.125

粉ミルク用スプーンと赤ちゃん用の匙
赤ちゃん用のアルミ製スプーンと、乳製品の
有名メーカーCow & Gateの販促用グッズら
しい、アルミ製の粉ミルク計量スプーン。デコ
スタイルの陶製ポットは20〜50'sのもの。
スプーン各¥2,400、陶器¥5,800
SHOP ● ジェニオ・アンティカ P.127

チープな感じがかわいい
アルミの計量スプーン4本セット
アルミ製のスケール・スプーン。1テー
ブルスプーン、1ティースプーン、1/2
ティースプーン、1/4ティースプー
ンの4本セット。
¥6,500　**SHOP** ● ノヴィス P.126

KICHENWARE

愛嬌たっぷりの
食の演出家たち

日本からの渡り鳥
古のソルト＆ペッパー

高さわずか4cmの彩色陶器の塩・胡椒入れ。裏にはmade in Japanとあり、輸出用に作られたものかも。

ペアで￥3,000　SHOP ● モモ P.125

英国人が大好きな？
マッシュルームもの

コレクターの多いCarlton wareの調味料入れ。キノコの傘の上に小キノコが載っているアイデアに脱帽。

£88
SHOP ● チャーチヒル・アンティークス・センター P.51

アンティークショップが多いよと聞いて、ロンドンから車で南へ約2時間、ルイスを訪ねると、そこは12世紀から栄えた古城を取り囲むようにして小径の入り組んでいる城下町。ここに、女性オーナーが率いる質も量も充実したアンティークセンターを発見しました。面白かったのは、写真にもあるキノコの調味料入れ。このキノコは妖精ピクシーの秘密のお家なのです。地方のアンティーク店は、ロンドンに比べて値段もずっと手頃です。

ビネガー＆オイルの
愉快なコンビ

籐で編んだ飾り付きのコルク栓というところが泣かせる、カラーリングも形も楽しい調味料入れ。
1950年代。ペアで￥9,500
SHOP ● ジェニオ・アンティカ P.127

手のひらに載る愛らしいヒナのソルト入れ
木の下で卵からかえるヒナ、というユニーク・デザインの陶製ソルト入れ。卵の部分が取り外せる。
¥2,800　SHOP ● モモ P.125

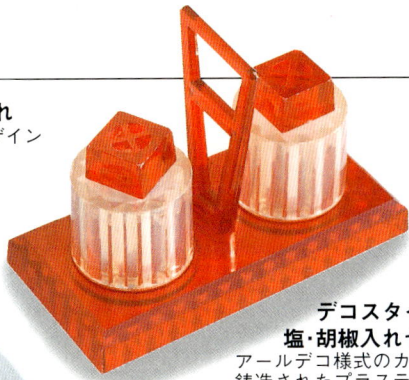

**デコスタイルの
塩・胡椒入れセット**
アールデコ様式のカットに鋳造されたプラスティック製のソルト&ペッパー。クリアな赤がモダンな表情。
¥9,800　SHOP ● マダム・ローザ P.127

**青磁のような色あいの
角形の陶製クルート**
専用の小さなバスケットに収まる、陶製の塩・胡椒入れセット。底部分のキャップはコルク栓。
1950～60年代。¥7,500
SHOP ● マチルド・イン・ザ・ギャレット P.126

**つまみを押して
塩・胡椒をスプレー**
つまみを押すとスプレー式に出てくる、プラスチックの塩・胡椒入れ。パッケージも当時のまま。
£7
SHOP ● アルーカズ・オブ・イズリントン P.51

**ソルト&ペッパーと
3人分のエッグカップ**
小さいながらも建造物のようなフォルム、鮮やかなブルー。食卓のアクセントに。
セットで£4.50
SHOP ● ストランド・ハウス P.17

KITCHEN WARE

陶器の表情も チーズ風

空気穴が2つ開いているカバー付きチーズ・ディッシュ。製陶のメッカ、ストークオントレントのJaros社のCarmen ware、王冠マーク付き。
ヴィクトリアン。£17.80　SHOP ● ストランド・ハウス P.17

アメリカ式英国製の カクテルシェーカー

ティーよりカクテルが流行した30's。1935年に作られたこのIncolor社のThe Masterカクテルシェーカーは、メジャーキャップを回すと"イケてる"レシピが現れる仕掛け。サイド・カー、トム・コリンズなど強烈なカクテル8種。「作ってみたけど吐くぐらい強いやつ」、とは、これを買い付けたサッソワー氏の談。
£600　SHOP ● デコデンス P.102

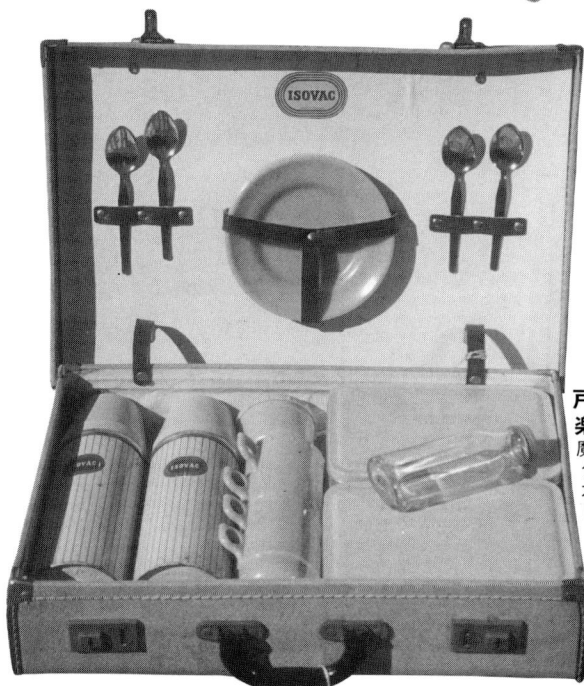

戸外でアフタヌーンティーを 楽しむための魔法のトランク

魔法瓶メーカーISOVAC社製のピクニックセット。「プラスチックの水筒って子どもの頃、よく漏れて困ったよね」と、これを買い付けた若い女性マネージャー。お湯用の水筒、ミルク用ボトル、サンドウィッチ用タッパウェア、食器、紅茶・砂糖入れ各2セットずつ。
£35　SHOP ● アルーカズ・オブ・イズリントン P.51

プラスチック製のキッチュなクッキー型

プラスチック全盛時代らしいチープな色が目を引く、トランプの4つの柄が揃うクッキー型。
クッキー型4個セット£5　SHOP ● トゥインクルド P.17

左右対称の緊張感あるデザインに惚れ惚れ

初期プラスチックのコレクターのお店で見つけたナイフ立て。ダイナミックで簡潔なデザインはスウェーデン製とのこと。
£120　SHOP ● デコデンス P.102

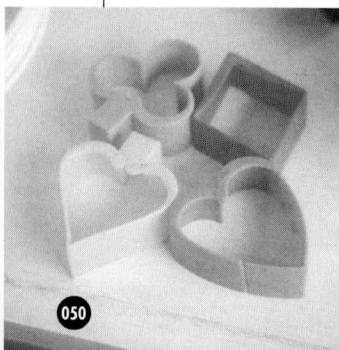

イギリスのおすすめ買物スポット キッチン用品

● チャーチヒル・アンティークス・センター
Church-Hill Antiques Centre
なんでも揃う幅広い品揃えが魅力

南イングランドの町ルイスにある骨董店。60人の契約ディーラーが買い付けてくるアンティーク家具、食器、アールデコのもの、おもちゃ、ジュエリー、リネンまで、幅広い品揃えが魅力。「good standard,good quality がポリシー」とオーナーSusan Millerさん。
6 Station Street,Lewes East Sussex BN7 2DA
☎01273-474842
国鉄Lewes駅
■OPEN/月〜土曜 9.30-17.00

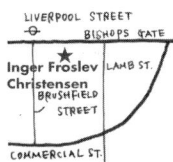

● インガー・フロスレヴ・クリステンセン
Inger Froslev Christensen
デーニッシュ・デザインの食器

デンマーク出身の女性アーティストが集める50〜60'sのデンマークの食器。「親しみやすさ、シェイプ、質感、重みも魅力。大量生産でしかも手作りの雰囲気を残した、見た目にも使っても楽しい器を紹介したい」とインガーさん。
スピタルフィールズ・マーケット内に毎日曜日、出店。目印は飲食店"FATBOY'S DINER"、前の道の左手。
☎連絡先IFC 020-7326-1246
⊖Liverpool Street

● アルーカズ・オブ・イズリントン
Aluka's of Islington
テーマは旅、スポーツ、ピクニック

50〜60's英国のレジャー・シーンをテーマに2000年からオープン。スターウォーズのフィギュア蒐集家でもある女性マネージャーが品揃えを担当。一番のお気に入りは「羽がパタパタと動くニワトリのティン・トイ、これじゃ醜すぎる？」。
11 Camden Passage,London N1 8EA
☎020-7704-2250
⊖Angel
■OPEN/水曜 9.00-17.00 木・金曜 11.00-17.00
土曜 9.00-17.00

● セーラ・レムコウ・アンティークス
Sara Lemkow Antiques
キッチン雑貨と家具のアンティーク

娘さんが同じ店内で家具を専門に扱い、母セーラさんはキッチン雑貨専門。英国人、アメリカ人、日本人に人気のほうろうのキッチンツールが充実。
12 Camden Passge London,N1 8ED
☎(01234)567890
⊖Angel
■OPEN/月・火・木・金曜 10.00-16.00
水・土曜 7.00-17.00 日曜 11.00-16.00
■WEBSITE/www.antique-kitchenalia.co.uk
■Email:Rachel.Lemkow@binternet.com（家具）
Sara.Lemkow@btinternet.com（キッチン雑貨）

051

不思議の国に
ようこそ

ロンドンでアンティーク雑貨を探すなら日曜日のマーケットやストリート以外にも見逃せない素敵な所があります。それは小さなショップが何軒も1つの建物に集まった、まるでデパートみたいな建物。一歩、中に入れば前後も左右も小さな、でも一軒一軒個性も、品揃えもちがうお店がいっぱい。まるで不思議の国に迷いこんだみたいな気分です。

貴重な骨董から趣味で集めた
コレクティブルまでいっぱい

❶ Mewsには本場イギリスでも珍しいビートルズの
キャラクターグッズの専門店が。世界中から、コレ
クターたちが集まるこの建物ならではのお店。

❷ Alfiesの一階のお店のウインドで見つけたゴブラ
ンやビーズ刺繍のバックたち。小さな空間に何十
も果樹園になる実のようにディスプレイ。

❸ Alfiesで見つけたスージークーパーのお店。品揃え
の充実と何よりコンディションの良さには驚き。
レア物を探したいならここは、要チェック。

❹ Mewsの地下から2階までの吹抜周辺に集まる小
さなストールみたいなお店たち。他にも周りの壁
には、商品だけをガラスのショーケースに入れ販
売を依託した小さなコーナーが何十も並ぶ。

❺ Graysの日本人が経営するジュエリーのお店。「キ
クチ・トレーディング」。各地のマーケットやオーク
ションで日本の趣味に合う物を集めている。

❻ Mewsは人形や玩具の品揃えが豊富。
ピーターラビットの各年代のアイテム
が一同に並んでいた。

❼ カメオはイギリスのジュエリーの店の
定番。いい物を探すならGraysへ。

❽ 19世紀から戦後の絵本もイギリスでは
コレクションする人が多い人気の品。

ロンドンの建物まるごと
アンティーク・センター

Welcome to WANDERLAND

Antiquarius
アンティクオリアス

ジュエリーが充実の
ロンドンの老舗スポット

チェルシーのキングロードに面した高級店が集まるセンター。専門店らしい品揃えの店が120以上集合。コンディションも良し。
135 King's Road London SW3 4PW
🚇Slone Square
■OPEN/11.00-18.00

Alfies
アルフィーズ

数でも品揃えも最大の
迷路のような不思議空間

チャーチ・ストリートのマーケットの一角にある巨大なセンター。小物からインテリアやリネンまでこだわりの物を探したいならここ。
13-25 Church Street
Marylebone,London NWS SDT
🚇MaryleboneまたはEdgware Road
■OPEN/火～土曜　10.00-18.00

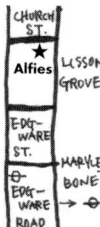

A N T I Q U E　　C E N T E R S

Grays/Mews
グレイス・ミューズ

二つの雰囲気も品揃えも
違うセンターが隣どうし

ドアマンが迎えてくれる銀器や、ジュエリーの集まるGrays。玩具や人形等のコレクティブな物が探せるMewsは、好対照。
1-7, Davies Mews,London W1Y 1AR
🚇Bond Street
■OPEN/月～金曜　10.00-18.00
　　土・日曜定休

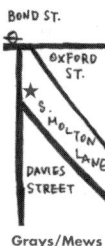

Grays/Mews

Silver Vaults
シルバー・ヴォールツ

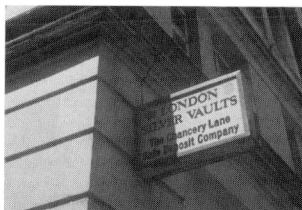

かっての巨大な地下金庫が
銀専門のセンターに大変身

銀食器の専門店だけが集まるビルの地下の整然とした空間。他のアンティーク・センターとは、全く違う雰囲気。ディーラーも多数集まる。
53 Chancery Lane,London WC2A 1QT
🚇Chancery Lane
■OPEN/月～金曜　9.00-17.30

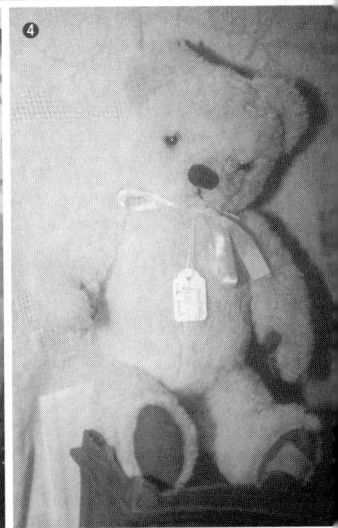

そこにいるだけで時間を忘れてしまう不思議

❶ ディズニーの30年代の「白雪姫」の人形。Mewsで見つけた当事の箱のままの品。

❷ ブリキからプラスチックまで、各年代の車や汽車、様々な乗物の玩具が、貴重なコレクションアイテムとして並んでいる。

❸ Graysの内部。美しい装飾の通路にジュエリーや銀食器の高級店がずらりと。

❹ Mewsの壁の販売依頼のケースの中のかわいい50年代の白いベア。値段も安い。

❺ Silver Vaultsに自分の名を冠した店を持つピーターさん。時計や動物のデザイン物等、その店ならではの品揃えを心がけている。

玩具&キャラクターグッズ

TOYS & CHARACTER GOODS

Fled
クッキーを焼く道具がセットされたフレッド
小麦粉メーカーのキャラクター"フレッド"の、子供向けのクッキー作りセット。中に小麦粉が収納でき、帽子を取ると粉が振るえる。両手にめん棒とかき混ぜスプーン、両足部分はクッキー型。
高さ約30cm。¥35,000　**SHOP** ● チーキー P.126

Fled
フレッドと仲間たち海へ遠足に行く
フレッドと仲間たちが遠足に出かける楽しそうな場面が描かれた、小麦粉用のキャニスター。
¥28,000　**SHOP** ● ジェニオ・アンティカ P.127

イギリスでは国民的人気者

Fled
フレッドとトムのカッティングボード
小麦粉の商品パッケージに描かれているフレッドとコックさんのトム。クッキングしているイラストが楽しいまな板は耐熱280度の硬質ガラス製。
まな板¥6,000　**SHOP** ● クール・ドゥ・クール P.125

Elf & Pixie
大人も虜になる
ケルトの妖精

Mabel Luciie Attwell のアイルランドの妖精物語に登場する人気者のエルフとピクシーという、人間の姿をした森に棲むいたずら好きな小妖精。これはエルフの陶製置物。
£88　SHOP ● チャーチヒル・アンティークス・センター　P.51

Elf & Pixie
人気者ピクシーの珍しいティーセット

触覚と羽根があって、空を自由に飛び回れる人気者の妖精ピクシーが、そのままミルクジャーに、さらに森のキノコがシュガーポットに、そしてピクシーが棲む秘密の家、マッシュルームハウスがティーポットに。ポットにはピクシーの仲間の妖精とウサギが描かれている。きれいに揃うのは稀。
3点で£950　SHOP ● チャーチヒル・アンティークス・センター　P.51

Bearcub & Pony
冬の夜の
なつかし安眠グッズ

ホットウォーターボトル、いわゆる湯たんぽは、イギリス人にとってもノスタルジーを誘われる涙モノのアイテム。「今ももちろん、寒い夜に大人も抱えて眠るわよ」と、お店のジェーン。
子グマ£14、子馬£7.50
SHOP ● カントリー・ウェイズ・アンティークス　P.39

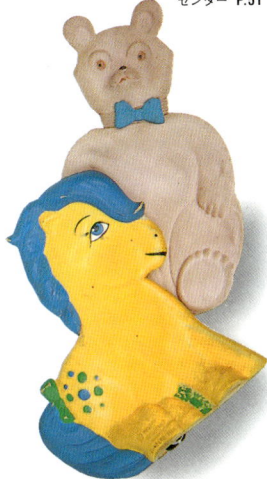

Beby Pixie
ベビー・ピクシーが
いっぱいのベビー皿

ベビー・ピクシーがたくさん描かれたこの赤ちゃん用のお皿は、器の形から、スコットランドの伝統食でも知られるPorridgeポリッジというミルクと砂糖で煮たオートミールで、寒い日によく食べられるもの専用とのこと。
1932〜50年代、£110
SHOP ● チャーチヒル・アンティークス・センター　P.51

Paddington
イギリスの有名ベア
パディントンの貯金箱

英国人作家マイケル・ボンドの逸話をもとにした、くまのパディントン。この貯金箱にはCheltenham & Gloucester Building Societyと印されてあり、住宅金融公庫のような団体の販促用ノベルティだったよう。
£23　SHOP ● ペディグリー・コレクタブルズ　P.63

TOYS & CHARACTER GOODS

Gollie

カワイくなっている 現代のゴーリーたち

ヴィクトリア朝時代の絵本の主人公だった黒人の人形ゴリワグが、20世紀に入って食品会社のキャラクターに起用されて人気者ゴーリーに。この3体は1995年前後に作られ、生産完了したもの。

各¥9,800
SHOP ● クール・ドゥ・クール **P.125**

この3体のゴーリー人形と下のお皿の絵を比べてみると面白い。

Gollywogg

オリジナルの絵は 風変わりで生き生き

Robertson&Sons社のキャラクターになる以前の原作のゴリワグが描かれたコーヒーカップ。

1900年代初頭。¥15,000
SHOP ● レッド・バロウ **P.125**

Robertson's Gollies

楽器を弾いたり、バレーをしたり ミニチュアサイズのコレクタブル

「1930年代初期にマーマレード会社のプロモーション用に作られたんだよ」と見せてくれた、小さなコレクタブルたち。

各£15　**SHOP** ● ザ・トレジュリー **P.63**

Rupert
人気グマ、ルパートがプロペラ機を操縦
新聞掲載のコマ割りマンガのキャラクターで、今も人気のルパート・ベア。飛行機に乗るこれは、ラバー製のソフトトイ。
£30　**SHOP** ● ペディグリー・コレクタブルズ　**P.63**

Noddy
子供部屋のためのSmithsのクロック
1950年代に時計やタイマーを数多く作ったSmiths社の目覚まし時計にも、寝過ごすところを起こされているノディの絵が。
£65　**SHOP** ● ペディグリー・コレクタブルズ　**P.63**

大人も大好きな
ゴーリー
ルパート、ノディ

Mr.Plod
愛すべき消防士
ミスター・ブロッド
ノディのお話にいつも登場するブルーの服を着た消防士。
1950年、£95　**SHOP** ● ザ・トレジュリー　**P.63**

Noddy
英国で有名な人気者の
少年といえばノディ
Ened Blytor Storriesの主人公、ボンボン付きの青い三角帽子と長袖半ズボンがトレードマークのいたずらっ子ノディ。ノディのおもちゃはたくさん作られていて、コレクターも多い。
車のおもちゃ£30、ミニカー£14
SHOP ● ペディグリー・コレクタブルズ　**P.63**

TOYS & CHARACTER GOODS

童話の世界から 飛びだした主人公

Bannykins
毎年、集めたくなる可愛いバニキンズ
ロイヤル・ドルトン製作の童話の人気ウサギ、
バニキンズのシリーズ。

ニンジンを差しだしている "Mother's Day Bunnykins"、1980-90年、£22　ベア
を抱えておやすみの祈りを捧げる "Goodnight Bunnykins"、1995年、£20　赤い
ハートを抱えた "Sweetheart Bunnykins" 1992年、£32　消防服を着て消火の
ポーズをとる "Fireman Bunnykins"、1988年、£19　軍楽隊長になっておすまし
している "Drum-Major Bunnykins from the Oompah Band"、1983年、£130
SHOP ● ザ・トレジュリー **P.63**

Christopher Robin & Poo

手のひらサイズのプーと
クリストファー・ロビン

スタッフォードシャーにある有名な陶器メーカーBeswickベズウィック社で作られた、手のひらに載るぐらいの小さなクリストファー・ロビンとプー。クリストファー・ロビン£195、プー£105

SHOP ● ザ・トレジュリー **P.63**

Piglet

ブーの森の仲間
ピグレットの陶製置物

これは、米国のディズニーがクラシック・ウィニー・ザ・プー70周年を記念してロイヤル・ドルトンに製作依頼したThe Winnie the Pooh Collectionのひとつ。£45 **SHOP ●** ザ・トレジュリー **P.63**

Peter Rabbit

目も毛も本物のような
ピーターラビット

ビアトリクス・ポターの『ピーターラビットのおはなし』(1902)で有名なウサギのピーターを、ニューヨークのドール作家R.John Wrightが製作したシリーズの中の一体。高さ20cm強、Beatrix Potter Collection、1988年。£395

SHOP ● スー・ピアーソン **P.71**

Christopher Robin & Pooh

クリストファー・ロビンとプーの人形

これもドール作家RJ.Wrightの製作になるもの。フェルト製の手足が金色の産毛に覆われたように表現されている。高さ約25cm、箱入り。£695 **SHOP ●** スー・ピアーソン **P.71**

Bear

国技のクリケットに興じるベアたち

クリケットをする2頭のベアが描かれていて、イギリスらしい、甘いピンク色の赤ちゃん用食器。£43 **SHOP ●** ベディグリー・コレクタブルズ **P.63**

TOYS & CHARACTER GOODS

"ほのぼの"が魅力

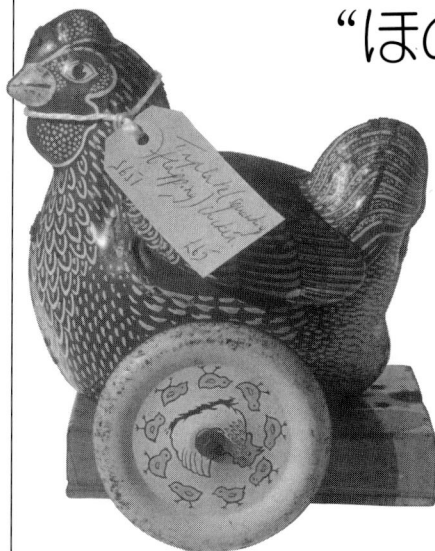

Chiken Toy
とぼけた表情が可愛いティンのチキン・トイ
動かすと翼をパタパタさせて鳴き声をあげるニワトリのブリキ製おもちゃ。車輪に描かれたヒヨコたちもくるくる回ってラブリー。
1940〜50年代。£65　**SHOP** ● アルーカズ・オブ・イズリントン　**P.63**

Humpty Dumpty
ハンプティ・ダンプティの横顔
マザーグースのハンプティ・ダンプティが描かれたこの小さなお皿は、陶磁器製造の中心地であるスタッフォードシャー製。戦後"ニュールック"の時代の波に乗りファッショナブルな絵柄の食器を数多く作った50'sを代表するミッドウィンターのスタイルで、ワイヤースタンド付き。
£12　**SHOP** ● チャーチヒル・アンティークス・センター　**P.51**

頭にちょこんとベレー
帽をかぶったネッシー。

Nessie
スタッフォードシャーの陶工の名作？怪作？
証拠写真はウソと判明したけれど、今だ人気は衰えていないスコットランド・ネス湖のネッシー。これはネッシーがまだ謎のベールに包まれていた時代の古き良き思い出？
SHOP ● ザ・トレジュリー　**P.63**

イギリスのおすすめ買物スポット 玩具&キャラクターグッズ

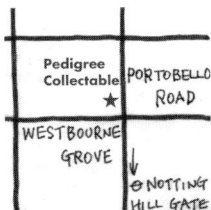

● ペディグリー・コレクタブルズ
Pedigree Collectables
キャラクター好きの女主人が集める、レアものがいっぱい

子供用のアンティークトイやキャラクターものが勢揃い。「幼い頃からテディベアやノディ、スーティー(長寿子供番組の人気グマ)が好きだから」とオーナーのミッキー・シェファードさん。バーモンジー駅の近くにもお店をもつ。
Portobello Market,Unit12(Basement),
290 Westbourne Grove,London W11
☎0207-237-6651
⊖Notting Hill Gate

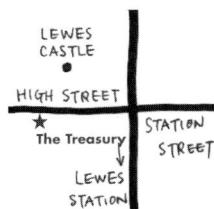

● ザ・トレジュリー
The Treasury
コレクタブルズから小物までまさにオーナー夫婦の"宝石箱"

南西部Lewesの町の、お城の時計台の道を挟んで前。結婚50周年を迎えたパメラとマーシャルの夫妻が集めるウサギのバニキンズやWadeの古いミニチュアなどの陶製置物、バッジ、シンブル(指貫)など、ラブリーな小物が目白押し。
89 High Street Lewes,Sussex BN7 1XN
☎01273-480446
国鉄Lewes駅までは、ロンドンのヴィクトリア駅から約50分でブライトン、そこから在来線でAshford方面列車に乗り換える。
■OPEN/木〜土曜 10.00-17.00

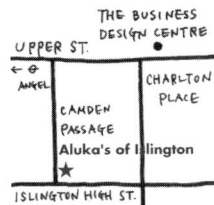

● アルーカズ・オブ・イズリントン
Aluka's of Islington
50〜60'sのレジャーがテーマリス、鳥、サンタも紛れている

女性オーナーが2000年にオープン。フレンドリーな若い女性マネージャーが定休日にフリーマーケットやアンティークフェアを巡って初めて仕入れにトライ。リスのジャム入れやサンタのクリスマスケーキ・デコレーション、007の小道具風ニードルケースもある。
11 Camden Passage,London N1 8EA
☎020-7704-2250
⊖Angel
■OPEN/水曜 9.00-17.00
木・金曜 11.00-17.00 土曜 9.00-17.00

テディ
ベア

TEDDY BEAR

永く慈しまれた
初期のベアたち

クマ好きに愛されているテディベアですが、1994年にロンドンのクリスティーズで、あるベアが£11万もの高値で競り落とされて、以来、競売にかかる時代を迎えたとか。でも、訪れた専門店の女主人らはみな心底のクマ好き。

Steiff
ヨークシャーモヘア
が初期のベアの証
初期のベアらしいロング・モヘアの"Rufas"。持ち主の少女と写る写真が残っている。
1909年。£4,950
SHOP ● スー・ピアーソン P.71

いつも遊んでいた女の子の写真の中にもくまのルーファスくんが一緒。

長い手足もシュタイフ
社初期のモノの特徴。

Steiff
シナモンのロング・モヘ
アはファン垂涎の逸品
シュタイフ製品の中で数が少な
く人気の高いもののひとつが、
シナモン色のベア。顔の中央に
縫い目があるものは珍しく、「奥
目、長鼻、足はオリジナル・パウ
ズのまま、顔の特徴がよくわか
るため」高値がつけられる。
1907年、"Chelsea"。£5,250
SHOP ● スー・ピアーソン P.71

顔を見て女主人が命名
小さなペドロとピーター
1914年までのベアの目はブー
ツボタン（つまみ革釦）で、ガラ
ス製は20'sごろから一般的に。
SHOP ● ヘザーズ・テディズ P.71

ウィングカラーを
つけたお洒落ベア
ジェントルマンのフォーマルな襟
もとで装って、ごきげんのベア。
¥58,000　SHOP ● モモ P.125

とぼけた表情の白くま
フランスで作られたベア、
"Jake"。表情がいい。
£75
SHOP ● チャーチヒル・アンティークス・
センター P.71

065

Merrythought

気難しそうな顔の
モヘアのベア
チーキーでも知られる
メリソート社製の1950
年以前のもの。
"Thomas"。£290
SHOP ● ヘザーズ・テディズ P.71

ペロリと舌を出している
くったり感が可愛い年代
物のウールモヘアのベア。
SHOP ● チャーチヒル・アンティークス・
センター P.71

テ ディベアは、1902年当時のアメリカ
大統領、狩り好きのセオドア・ルーズ
ベルトがハンティングに出かけたときに、
鎖につながれたクマを撃てなかったという
逸話をもとにして米国で製作されたぬいぐ
るみがそのはじまり。これがアイディア
社のテディベアで1907年から製造
され、たちまちイギリスやドイツ
でも作られるようになったそうで
す。高い品質で知られるシュタイフ
社の初期のベアは手足が長く、いっぽ
うの英国製ベアは第二次大戦後から短い
手足で太めの体に。やがて50年代にはシュ
タイフもなぜか英国風の幼児体型（？）に変
わりました。

物言いたげなへの字の口もと
ドイツかフランスで作られたベア"Judie"。
1930年頃。£145
SHOP ● チャーチヒル・アンティークス・センター P.71

1950年代以降の
人気グマたち

毛のないタイプも
キュートで人気
綿やシルクでできた
ベアは1930年代以降
に多い。これはフラン
スで作られたもの。
¥48,000　SHOP ● モモ P.125

3匹と
も、コレ
クターが
多い、イギ
リスの有名
メーカーのもの。

Chad Valley
Chiltern
Deans
個性的な衣裳を着せられた
ちょっと変わったベアたち
左：ピエロのベア。1930年、チャド・ヴァレイ社、
£350　中：もとはとても鮮やかなグリンピー
ス色だった"Mr.Pea Green"。1930年頃、チル
ターン社、£595　右：制服・制帽姿のスクール
ベア。肩からさげた袋の中にはグレーと茶色の
着替えのシャツ2枚が入っている。1920年頃、
Deans Master Edwardベア。£595
SHOP ● スー・ピアーソン P.71

Chiltern
抱きしめたい
ハグ・ミー・チルタン
クォリティに定評のある
チルタン社の抱きしめた
くなるような大きなベア、
その名も"Hug Me"。
1950年代、£320
SHOP ● ヘザーズ・テディズ P.71

TEDDY BEAR

服を着せて
自分のベアにする喜び
白いリブニットにネイビーのズボンをはいたベア。おそらくアメリカで作られたもの。
1920年代、"Ralph"。£240
SHOP ● ヘザーズ・テディズ P.71

微妙な色のベアはレアカラーと呼ばれ貴重品。

Merrythought
レア・カラーの60'sのチーキー
人気ベア"チーキー"。1960年代のきれいな色は褪せてしまっているけど、まだまだ魅力的。
大£1200、小£475
SHOP ● スー・ピアーソン P.71

ベアもキックボード大好き
木製の車輪が付いた、押すとベアが動くトイ。前の持ち主はフランス人だったのだそう。
£290 SHOP ● ヘザーズ・テディズ P.71

TEDDY BEAR

愛くるしい小さなベア達

❶ おそらくイギリスの長寿子供番組の人気
ベア、スーティーを作ろうとしたよう。作
り手の愛情が溢れている指人形。
指人形￥14,800、台にしたハットスタンド￥19,800
SHOP ● マチルド・イン・ザ・ギャレット **P.126**

❷ 毛の色、耳の垂れかた、鼻の形、体つきま
でさまざまな表情のベアたち。

❸ ボタンのサンプラーのようなベアの置物
はヴィクトリア朝時代のもの。

❹ ベルリン博覧会を記念してベルリンサッ
シュを斜めがけ。メタルの王冠は60年代
以降はプラスチックになって数が減る。
〜1950年。£130 **SHOP ●** ヘザーズ・テディズ **P.71**

ヴィクトリアンファッションのベア。
手芸屋さんのディスプレイ用。

TEDDY BEAR

価格は非公開という稀少品も増えて
るテディベア。これも、そのひとつ。

Celia Lloyd
マギーも御用達
品質お墨付きのベア
サッチャー元首相が買うことでも
知られるシリア・ロイドさんのテ
ディベア。長男に作った人形が評判
でフットボールチームのマスコッ
トを作る先駆者に。正真正銘のテ
ディベア愛好家で、どのベアにも名
前と保証書(養子縁組証明書)あり。
黄色リボン"Terence"、淡い紫色リボン
"Edmund"、ワイン色リボン"Mulberry"小
¥16,800(大¥32,800)
SHOP ● ポルティコ P.127

Steiff
有名で人気の高い
独シュタイフ社製
最も有名な独シュタイフ社のテディベアは、耳の中の
シュタイフボタンとも呼ばれる鉄の釦Bischoffが目印。
ただし人気も値段も高いためコピーが出回っているの
で注意。赤い首輪のこのTeddy Babyは「盗まれると困る
ので」お値段は非公開。
1930年代。　**SHOP** ● ヘザーズ・テディズ P.71

心配性、淋しがり屋、頑張り屋、好奇心
旺盛などなど、それぞれに個性が。

イギリスのおすすめ買物スポット テディベア

●ヘザーズ・テディズ
Heather's Teddy's
店自体が素敵な専門ストール
ベア選びの決め手は表情

幼い頃からテディベアを愛するヘザーの鑑定眼はたしか。「印象的な顔で選ぶわね。手芸屋さんやお年寄りが手作りしていた1920年代の長い鼻でガラスの目のものや、1800年代のベアを集めています」。

World Famous Arcade 177 Portobello Road,London W11
☎020-8204-0106
⊖Notting Hill Gate
■OPEN/土曜。月曜はコヴェント・ガーデンのStand28 Apple Marketに出店。
■WEBSITE/www.heathersteddys.co.uk

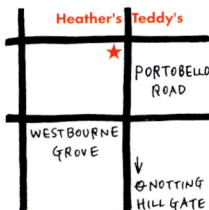

●チャーチヒル・アンティークス・センター
Church-Hill Antiques Centre
地方だからグッドプライス
掘り出し物が見つかる店

60人の契約ディーラーが買い付けてくるセンスのいい幅広い品揃えが魅力。女性オーナーもスタッフもみな親切で「地方だからうちは安いわよ」と断言。顔の可愛いベアやアンティーク家具、食器、アールデコ、おもちゃ、ジュエリー、リネン、ガーデン用品まで充実。

6 Station Street,Lewes East Sussex BN7 2DA
☎01273-474842
国鉄Lewes駅
■OPEN/月〜土曜　9.30-17.00
■WEBSITE/www.church-hill-antiques.co.uk

●スー・ピアーソン
Sue Pearson
品質重視で厳選したベア
だけが並ぶ確かなショップ

女主人パットさんが集める、エクセレント・コンディションのベアとドールのお店。テディベアで有名なドイツのシュタイフ社やシューコー社、英国のチャド・ヴァレイ社、チルターン社、ディーンズ社等一流メーカー、人形では米国R.ジョン・ライト・ドール社のものが充実している。

13 1/2 Prince Albert Street, Brighton BN1 1HE East Sussex
☎01273-329247
国鉄ブライトン中央駅までは、ロンドンのヴィクトリア駅から約50分
■WEBSITE/www.sue-pearson.co.uk

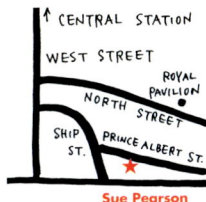

ジュエリー
＆アクセサリー

JEWELRY
& ACCESSORY

シックなオニキスの
十字花冠モチーフ
派手すぎず、地味すぎ
ないオニキスをク
ロームが引き立てる
印象的なペンダント。

1900年以降。¥15,000
SHOP ● マダム・ローザ P.127

ヴィクトリアンの
装飾をさりげなく
蝶はヴィクトリア朝時代によく
使われた装飾的モチーフのひと
つ。小さなシードパールはヴィク
トリア女王も好んだもの。

アメジストと天然パールをはめこんだ
繊細な細工のブローチ、1880年、£150
SHOP ● ザ・シルバー・フォックス・ギャラリー P.79

アイビーの葉で
永遠をシンボライズ
ツタの葉をモチーフに、
ローズダイヤモンド、天然
パール、18Kゴールドで永
遠を表した指環。

1900年、フランス
製。£1,200
SHOP ●
ザ・シルバー・
フォックス・
ギャラリー
P.79

朝8時前にポートベロー・マー
ケットに赴くと、すでに人の
賑わいがあります。楽しい週末の雰
囲気の中でも、ジュエリー店の前で
はいかつい男性が目立たぬ
ように立ってセキュリ
ティーを監視しています。ア
ンティークジュエリー店を
2軒もつクリスさんによる
と、「朝早くボンドストリー
トやパリからプロが仕入れ
に来て自分の店に開店前に並べる
んだ。だから朝早い店ではいいもの
を安く買えるわけ」と宝探しのコツ
を教えてくれました。

ザクロのような深紅に魅せられる
神秘的なガーネットを使ったアクセサリー。
いずれも20世紀に入って以降のもの。
目のようなモチーフのブローチ¥19,800、花のようなモチーフのブローチ¥7,500
ベルト型のブローチ¥14,500　ガーネットと9Kゴールドのリング¥38,000
SHOP ● マチルド・イン・ザ・ギャレット P.126

モダンなジェットはビクトリア時代のトレンド。

ヴィクトリアン
ジュエリーの華

ヴィクトリアン後期の大人のアクセ、ジェット

ヴィクトリア女王が好んで身につけた漆黒のジュエリー、ジェット。緻密な石炭で、研磨して艶を出し、装飾が施された。ストイックで、威厳を失わない大人の雰囲気。カメオの付いたバングル、1880年。£65
SHOP ● ザ・シルバー・フォックス・ギャラリー **P.79**

ネックレスペンダントヘッド、ブローチ、1880～1890年。
SHOP ● マダム・ローザ **P.127**

ピンチベック製とゴールドの小物たち

18世紀に銅と亜鉛の合金をつくりだした英国の時計屋ピンチベックの名にちなんで呼ばれるようになった、合金による金の模造品。柔らかい金より細工がしやすいので凝った装飾ができる。ピンチベック・ブレスレット：1810年、£150 ダイヤカット入り15K金のハートロケット：ヴィクトリアン（1837～1901）、£200 大ぶりの手彫りの9K金ハートロケット：ヴィクトリアン、£200
SHOP ● ザ・シルバー・フォックス・ギャラリー **P.79**

カメオと金細工のおしゃれなリング

1870年に作られた、ヴィクトリアンらしいカメオと金細工のリング。黒地の部分はオニキスなどのハードストーン。£250
SHOP ● ザ・シルバー・フォックス・ギャラリー **P.79**

シードパールの愛らしい輝き

中央にダイヤ、まわりを種のような小さなシードパールが囲む、控えめながらも華やかなリング。リング¥120,000、昔のリングボックスのリプロダクト¥1,200
SHOP ● マダム・ローザ **P.127**

JEWELRY & ACCESSORY

キラリと冴える プチジュエリー

ポートベロー・マーケットは約2kmに2000以上のお店がひしめきあいます。その中の1店で足が止まったら、一期一会の出逢い。マーケットならではの醍醐味です。旅の一行が足を止めたのは、小さな店のガラスケース。中にウェッジウッドの磁器と銀の即興音楽のような軽快なブローチが。「小さなものは安くて集めるのも売るのも楽しい、もうこれは趣味」と店主。ストールの主たちには趣味人が多いのです。

繊細な細工のブローチはロンドンでも人気が高い

小さなオパールがはめ込まれた金細工のスズラン。エレガントなブローチ。1900年（ヴィクトリアン）。£75
SHOP ● ピーター **P.75**

ストールならではの掘り出し物

風変わりな眼鏡型のブローチ。ゴールドの縁を小さなシードパールが飾っている。
£5　**SHOP** ● ピーター **P.75**

誰の肖像画？これもアンティークならではの楽しみ

肖像画はだれかはわからない、ヴィクトリア朝時代のロケット式ペンダントヘッド。
£35　**SHOP** ● ピーター **P.75**

チューン付きのエレガントタイプ

ポートベローのマーケットで見つけた、ビクトリア風のシルバー仕上げのブローチ。
£10

素材感の違いが面白い個性派ブローチ

ウェッジウッドの陶器とシルバーを組み合わせた珍しいブローチ。1860〜80年（ヴィクトリアン）。£14
SHOP ● ピーター **P.75**

真珠と紫のガラスを組み合わせたアールデコ

女性らしいラインが流行した30's の脇役

腕に三連に巻いてブレスレットにもできるロングネックレスは、1930年代のヨーロッパ製のもの。
ガラス製。£45
SHOP ● エクレクティカ P.79

夜空の星座を象った パールのブローチ

銀のスティックに小さなパールが付いて、花火のようにはじけているブローチ。星座を表した物。
£5　SHOP ● ピーター P.75

王冠をモチーフにした コスチューム・ジュエリー

"ガラス製"ルビーやパールが飾るこの王冠は、Butler & Wilson社の40〜50's のもの。
£45
SHOP ● ジェニファー・パーソンズ・アンド・マーガレット・ウィリアムソン P.91

● ピーターさんのお店
Peter

ふだん身につけて毎日楽しめる 小さなシルバージュエリーの宝庫

パールの繊細なブレスレットや、マッピン＆ウェッブの30's スタイルの手鏡など、ちょっとした気になるものが見つかるお店。自らがコレクターでもあるという紳士、ピーターさんが毎日曜日に出店。「15歳のときから面白いものを少しずつ買って、何年もかけて集めたものを、こうして売って楽しんでいます。やはり安くて集めやすいブローチがよく売れます。これなんか珍しいですよ、平らで丸いマッチケース。スターリングシルバーの刻印もあるし、形がユニークだし、子どもが噛んだような歯形が付いている、どうです？」

No.5 , 288 Portbello Load
⊖Notting Hill Gate
■OPEN/毎土曜

PORTOBELLO ROAD

Peter ★

WESTBOURNE GROVE

↓ ⊖NOTTING HILL GATE

ALL ITEMS ON THIS TABLE...

JEWELRY & ACCESSORY

**1200年前の建物と
モダンが見事に融合**

アイスクリームのコーン
を逆さにしてリングを
飾っているアイディアに
思わず足を止めてしまっ
た。ルイスの町の『ザ・
ワークショップ』のウィ
ンドー・ディスプレー。

SHOP ● ザ・ワークショップ P.79

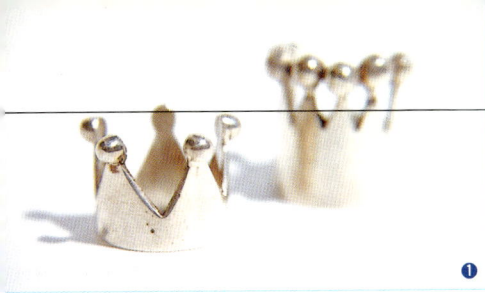

変わった形の現代的アクセ

❶ どこかユーモラスなシルバー製の王冠リングは、現代の新しいもの。
  各£15　**SHOP** ● エクレクティカ　**P.79**

❷ 貝殻とウッドビーズをつないだネックレスは30's以前のもの。「英国製だけどヨーロッパっぽい」とお店のリズ。象牙細工のようなブローチは、40'sのベークライト製。
  ネックレス£48、ブローチ£18
  SHOP ● エクレクティカ　**P.79**

❸ ガラス製とは思えないブライトカラーに、ポップ＆ラブリーな花のモチーフ。元気な50'sデザイン。
  チョーカー£24、イヤリング£18
  SHOP ● エクレクティカ　**P.79**

❹ ジュエリー・デザイナーでショップ経営者のひとり、そしてジュエリー学校で指導もしているジョアンナ・バトラーの作。
  各£70　**SHOP** ● アットワーク　**P.79**

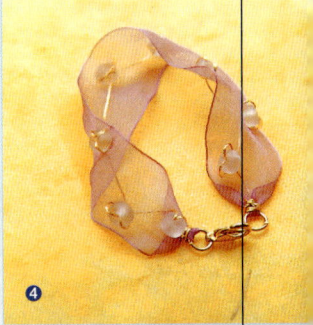

リサイクルアートで
コーラの栓が天使に
デザイナーは米国テキサス出身。ボトルの栓をつなげてラメや金粉で装飾した、天使のネックレス。

左£10、右£40
SHOP ● アットワーク **P.79**

ロンドンならではの新しい
アートも目が離せない

芸術家の町で
見つけた!

ビーズワークは
時を越えて魅了する
夢見る色を集積化させたようなブローチは、戦時中のものがない40's、女性達がなんとかおしゃれを楽しみたい、と自らの手で生み出したものとか。

ブローチ£25、リストバンド£40
SHOP ● エクレクティカ **P.79**

ハンドメイドの
50'sのブローチ
透明なアクリルを裏面から手で彫って彩色するといった繊細な技法で作られたもの。花がリアル。

各£12
SHOP ● エクレクティカ
P.79

風水がブームのロンドン。オリエンタルは人気。

お守りネックレス 〝チャクラ〟
赤は腰、オレンジはおなかにいいなど「〝気〟が回るように体の7つのチャクラに応じた水晶をあしらった」というネックレス。デザインがいい。
£11.50　**SHOP** ● アフター・ノア **P.115**

JEWELRY & ACCESSORY

イギリスのおすすめ買物スポット　ジュエリー＆アクセサリー

● ザ・シルバー・フォックス・ギャラリー
The Silver Fox Gallery
良品質＆低価格第一主義
アンティークジュエリー専門店。経営者クリスさんは日本人の好みにも通じ、親切。「シンプルだけど使えるデザインで質の高いジュエリーを安く提供するのがポリシー。ユーロスターでフランスから通勤してくる業者もいるよ」。
121 Portobello Road,Lodon W11
☎0171-243-8027
⊖Notting Hill Gate
■OPEN/土曜　6.00-15.00

● エクレクティカ
Eclectica
チープさが可愛いセレクション
可愛いヴィンテージ・ジュエリーやアクセサリーのお店。「ファッショナブルでみんなが買えるものを扱いたい」と、デザインも手がけるオーナーのリズさん。英・米の20世紀の物が中心。
2 Charlton Place Islington,London N1
☎0171-226-5625
⊖Angel
■OPEN/水・土曜　9.00-18.00　月・火・木・金曜
11.00-18.00

● ザ・ワークショップ
The Workshop
若い金銀細工師のアートワーク
宝飾芸術で博士号をもつジョナサン・スワン率いるモダンジュエリーのワークショップ。ルイスの古城を見上げる約1200年前の建物は「静かで集中も息抜きもできるし、いい環境だよ」とサムとジェニー。艶消し銀にアメジストを載せたリングなど、魅力的な品揃え。
164 High Street,Lewes East Sassex BN7 1XU
☎01273-474207
国鉄Lewes駅
■OPEN/月〜土曜　9.30-17.00

● アットワーク
@WORK
若手アーティストたちのお店
３人の女性アーティストによるスタジオ兼ショップで、若手デザイナーのオリジナル作品を展示、販売している。卒業制作展で新人をリクルートして常時面白い作品を置いています」。
156 Brick Lane,London E1 6RU
☎020-7377-0597
⊖Liverpool Street
■OPEN/火〜土曜　11.00-18.00
日曜　10.00-18.00
■WEBSITE/www.atworkgallery.com

バッグ&小物

BAGS & BELONGINGS

ロンドンの東側はアーティストが多いクールで刺激的なエリア。エンジェルにあるカムデン・パッセージはこぢんまりと落ち着いた雰囲気だけど、テイストが若くレアものがハントできます。ここで覗いた古着屋さんは奇妙にデコラティブなバッグや小物が充実。ガリアーノやゴルチェも来るそう。

カムデン・パッセージの一角にある"クラウド・クックー・ランド"は掘り出しもの満載の古着店。

ネズミがテニスをしているバスケット

ネズミがローンコートでテニスをしている、笑っちゃうほど優雅な60'sアメリカ製の白い籐バスケット。残念ながら非売品。
SHOP ●
クラウド・クックー・ランド
P.83

あまりの可愛さに非売品となってしまった。

ゴブラン刺繍の小さなハンドバッグ
前面に施した刺繍が豪華
布地全面を刺し埋めるプチポワンの技法が用いられたゴブラン刺繍のバッグ。留め金もおしゃれ。

大 ¥35,000 　小 ¥28,000
SHOP ● マチルド・イン・ザ・ギャレット
P.126

手の込んだ
人気のバッグ

デコラティブで贅沢
松編みのバッグ
松の葉模様の編み目が波状に連なるボコボコ感がなんともゴージャス。口部分はプラスチック製。
SHOP ● モモ　P.125

典雅な刺繍のミニバッグ
ディテールまでこだわりいっぱい
これはプチポワンでなく機械を使った総柄スティッチ。ダブルチェーンで、口や留め金にも装飾が。

1900年頃。£75
SHOP ● ラン・アンティークス　P.87

正面から見ると
本当に魚そっくり

笑えるキュートさ。魚形に魚模
様と、無邪気そのもの。裏はJA-
MAICAと編み込まれてあるの
で、お土産だったものかも。
50's。£68
SHOP ● クラウド・クックー・ランド **P.83**

プードルがお友だちと
ティーパーティー

2匹の犬が描かれたケースは、
意外にも日本製。開けると内ポ
ケットに手鏡が入っている。
1960年代。£95
SHOP ● クラウド・クックー・ランド **P.83**

カラフルな色使いが楽しい
60'sのグッド・デザイン

白いキャンバス地にカラフルな
ビーズ刺繍とマクラメレースを
施した、小さなボックス・バッグ。
£25
SHOP ● クラウド・クックー・ランド **P.83**

戦後の米モノは英でも大人気

探検ブーム60'sの
アニマル物を発見

ヒョウをモチーフに
したデコパージュ・
バッグは、ヒョウ柄の
フェイクファーで飾
られている。
1960年代、アメリカ製。£110
SHOP ● クラウド・クックー・ランド **P.83**

細工が丁寧なストローバッグ

上：ヨーロッパ向けに輸出された中国製で、すべて
ハンドメイドの可能性あり。40年代。£12
下：カラフルに花模様が刺されたストローバッグ。
細工が細かくクォリティがいい。40年代。£38
SHOP ● エクレクティカ **P.79**

BAGS & BELONGINGS

イギリスのおすすめ買物スポット バッグ&小物

● クラウド・クックー・ランド
Cloud Cuckoo Land

独特の感性を持つオーナーならではの個性的な品揃え

独特の着こなしセンスとターナー賞受賞の画才の持ち主、クリッシーさんがオーナー。「1860～1960年代のものならなんでも。ドレスはエドワーディアンの珍しいデザインが多い。帽子や靴やバッグはすばらしいデザインの40～50'sアメリカ製のものが好き」。
6 Charlton Place,Camden Passage,London N1
☎0207-354-3141
⊖Angel
■OPEN/月～土曜　11.00-17.00

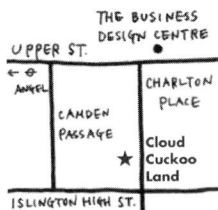

今にないデザインが魅力のサンダル

上：手彫りによるヒール部分の装飾に度肝を抜かれる、40'sフィリピン製のウッドサンダル。
下：赤地に白のポルカドットが可愛らしい60'sのミュール。プラスチック製のヒールのデザインがナイス。
£45
SHOP ● クラウド・クックー・ランド **P.83**

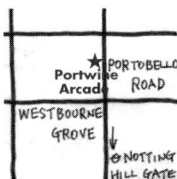

● ポートワイン・アーケード
Portwine Arcade

いま見ても新しいアンティークのビーズバッグに出逢える

ポートベロー・マーケットに週に一度、土曜日だけ出る小さなお店。「まったくの趣味でもう30年やっているから、博物館の人と同じ。見れば、糸とかビーズとか、デザインやちょっとしたことで年代や価値はだいたいわかるんです」。1920年代のビーズバッグ£65～。
Portwine Arcade,Portobello,London W11
⊖Notting Hill Gate
■OPEN/土曜のみ

店内にはヨーロッパならではの、繊細なビーズバックが並んでいる。

レース＆
リネン
LACE & LINEN

優しい気持ちになる手仕事のレース小物
19世紀後半、家庭で刺繍されたレース。
ネット状のレース￥4,000～、ベルギーやフランスのレースが
より繊細なもの￥18,000～　ポプリやレースやキャンディを
入れるポットは1950年代の型吹きガラス￥9,800
SHOP ● イフル・クラシック **P.126**

精緻を極めた
ニードルワーク

❷

国や地方でスタイルが違う
豊富なバラエティが魅力

❶ 涼しげなコットンのネット・ストール。刺繍入り。1700〜1750年代の物だがコンディションが良い。
£180　**SHOP ●** ラン・アンティークス **P.87**

❷ 花の刺繍が施されたリネンは「とても人気のアイテム」。ハンドによる微妙に不揃いな部分がいい。
1950年代。£8.50
SHOP ● チャーチヒル・アンティークス・センター **P.51**

❸ ノルマンディ・レースと呼ばれる、1枚にさまざまな技術を用いて作ったパッチワーク形式のもの。
1900年代。£120　**SHOP ●** ラン・アンティークス **P.87**

この技術を見るために教会に人が集まった

色褪せや傷みを防ぐため直射日光を避けて非酸性系の薄紙で保存されているイタリア製のレース。宗教的な用途で教会のために丹精されたもの。コレクターズ・アイテム。
16世紀後半。£980　**SHOP ●** ラン・アンティークス **P.87**

❶
❸

状態をキープするため
丁寧に扱われている。

小さな芸術品アンティークボタン

上2つ：ターコイズブルーに金のペガサスが飛ぶエナメル・ボタン、1950年、£5。カメオのブローチ（金メッキ）、1950年、£20。中段の3つ：金縁のBinimiビニミグラスボタン（チェコスロバキア産ビニミグラスは1960年代から英国に広まった）、1950年、£6。花モチーフのボタン、ヴィクトリアン、£15。黒地に太陽のボタン、1950年、£8.50。下2つ：四つ葉のようなモチーフの四角いボタン、1930年、£10。小さなボタン、1850年頃（ヴィクトリアン）のパーフェクト・コンディション、£12
SHOP ● ザ・ボタン・レイディー P.87

コレクターも多いシンブル
天使や花柄が描かれたボーンチャイナ製のベル型シンブル。
各￥1,800
SHOP ● マチルド・イン・ザ・ギャレット P.126

手芸王国らしい
繊細な仕事ぶり

プードルとスパニエル
ブロンズ製でプードルやスパニエルを象った可愛いボタン。
1950年代、各£5
SHOP ● ザ・ボタン・レイディー P.87

細部にまでこだわったヴィクトリア朝時代の特別な日の子供用ドレス
ネットに似た編み目のレースFilettフィレが使われた、ふわっとしたペチコート付きの子供用ドレス。衿や折り返しの袖口など、細部の装飾も繊細。
19世紀末。£75　SHOP ● ラン・アンティークス P.87

レース×真珠母貝の優雅な扇子
19世紀後半、イギリスでは扇のモチーフが珍しがられた。これはブリュッセル製レースを使ってパリで作られたオリジナルの扇子。真珠母貝を張りつけてさらにレースのような細工を施している。
£390
SHOP ● ラン・アンティークス P.87

LACE & LINEN

イギリスのおすすめ買物スポット　レース＆リネン

●ラン・アンティークス
Lunn Antiques

クォリティで探すから
商品には自信アリ、と女主人

アンティーク・レースが16、17世紀のものまで
揃うダイアンさんのストール。「最初は安く買え
る小さな端切れを買って額に入れて楽しんで、
だんだんと大きなものを買ってみるといいです
よ」。アンティーク・レースを使ったラベンダー
入りクッションも人気。
Stand 8 Admiral Vernon Arcade,
Portobello Road,London W11 L-7
☎月曜～土曜　0207-736-4638
⊖Notting Hill Gate
■OPEN/日曜
■EMAIL/Lunnantiques@aol.com

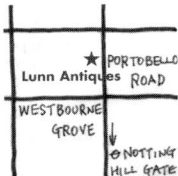

●キャサリン・バックリー
Catherine Buckley

ウェディングも手がける
デザイナー兼レースの専門家

アンティーク・レースを使うデザイナー、キャサ
リンさんのお店。「大胆なデザインが得意。好き
なレースは繊細で良質なブリュッセルや英国の
ホニトンのもの。アイリッシュ・クロッシェやマル
タのレースもいいものがあります」。
良質レースのハンカチ£20～。
302 Westbourne Grove,London W11 2PS
☎0207-2298786
⊖Notting Hill Gate
■OPEN/月曜～土曜

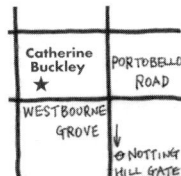

●ザ・ボタン・レイディ
The Button Lady

古い服を蘇らせたり
新品を個性的にするボタンの店

元はテーラー職人だったCaras夫妻のアン
ティーク・ボタンの店。「230年前のボタンもあ
るから、アメリカ人がよくアメリカでは探せな
い古くて美しい手工芸的なボタンを探して買っ
ていくよ。ピンブローチを作るために買う人も
多い」と"Mr.Button"のアランさん。
Antique & Craft Market、
12 HeathStreet,Hampstead NW3 6TE
☎0171-435-5412
⊖Hampstead
■OPEN/火～金曜　10.30-17.00
土曜　10.00-18.00　日曜　11.30-16.30

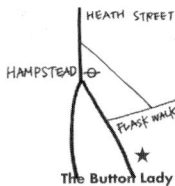

帽子&
ステッキ

HATS & STICKS

ロンドン東側は芸術家の多い
エリア。スピタルフィール
ズ・マーケットやブリック・レーン
に並ぶ店は、若い才能を売り出す
ギャラリー風です。女性ふたりの手
作り帽子店も、地下で製作される
ワークショップ。ふたりともアート
の殿堂Royal College of Art出身。他
にもCentral Saint Martinsという
アートカレッジのとくにジュエ
リーやファッション科が有名で、J.
ガリアーノ、ステラ・マッカート
ニー、アレクサンダー・マック
イーンが卒業生です。

ひと味違うデザイン
がチャーミング
前側にだけツバがつい
た深めのデザインのス
トローハット。曲線シェ
イプと赤いリボンが可
愛らしさを演出。
1940年代。£22
SHOP ● クラウド・クック
・ランド　P.83

小粋なリボン飾りと
ヘムのレースワーク
飾りの愛らしい紺色の
フェルト製の帽子。前にし
ても後ろにしても楽しめ
て、かぶるとエレガント。
アメリカ製、£22
SHOP ● クラウド・
クック・ランド
P.83

まあ今日はどちらへお出かけ？
盛大に花ですき間なく飾ったこの
グラマーでハッピーな帽子は、
1940年代にNYで作られたもの。
£22　SHOP ● クラウド・クック・ランド　P.83

花畑のように可愛らしい「フレッ
ド・ベア・ヘッドウェア」の店内。

淑女の気分になれる小粋な帽子

ベージュトーンのナチュラルテイスト
優しいベージュ色に小さな白い飾り花が付いたストローハット。
£98　SHOP ● フレッド・ベア・ヘッドウェア P.91

爽やかさを引き立てるラベンダー色
ラベンダー色をベースにしたこちらは、白い飾り花がよく映えて爽やかな印象。
£98　SHOP ● フレッド・ベア・ヘッドウェア P.91

ランプシェード？気分は花園のクイーン
一見、ランプシェードのような菫色の華やかな帽子。ぼかしによって陰影を出した飾り花も見事。
£150　SHOP ● フレッド・ベア・ヘッドウェア P.91

自然の花を載せたよう
ベージュのベースにツバが見えないほど大きな飾り花をあしらった、ドレッシーな帽子。
£164　SHOP ●フレッド・ベア・ヘッドウェア P.91

HATS & STICKS

<ruby>そ<rt></rt></ruby>れを使うかと問われれば、うーんと頭を捻ってしまうけど、真鍮ブラスの鈍い光りぐあいや彫りものの精巧さ、磨かれた木の艶、小さなスターリングシルバー製キャップや動物のリアルな顔と、なんだか気になるイギリスのステッキ。ロンドンのポートベロー・マーケットを歩いていると、お散歩にちょうどよさそうなステッキを並べているストールがありました。柄の装飾はどれも個性的で驚かされます。

淑女の日傘と言えば
"黒"がお約束だった。

英国気分あふれる
ブラスと木のステッキ
左から：杖用の驚くほど軽い木で作られたヴィクトリアンの曲げ手の杖￥43,000、樹脂製の垂れ耳の犬￥15,000、シルバーの玉の握り手￥38,000、シルバー仕上げ（中は真鍮）の垂れ耳の犬￥28,000、真鍮の首輪の木彫りのウサギ￥28,000

SHOP ● マダム・ローザ P.127

ポートベロー・マーケットで見つけたステッキ屋さん。Portobello Roadにて。

イギリスのおすすめ買物スポット 帽子&ステッキ

LIVERPOOL STREET
BISHOPS GATE
Fred Bare Headware LAMB ST.
BRUSHFIELD STREET
COMMERCIAL ST.

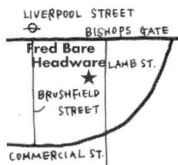

● フレッド・ベア・ヘッドウェア
Fred Bare Headware
注目の帽子デザイナーが作る
アーティスティックな新作

王立芸術院出身のアニタとキャロリンによる
手作り帽子のワークショップ。thread bare（ボロ）と韻を踏む店名の由来は「ゴージャスで高いイメージがある帽子に反対の意味の言葉を、と。始めた頃は貧しかったから皮肉をこめて」。現在はハービー・ニコルズでも販売している。
14 Lamb Street Spitalfields,London E1 6EA
☎0207-247-9004
⊖Liverpool Street
■OPEN/月～金曜　11.30-18.00（水曜　10.30-17.30）、日曜　10.30-16.30

握り手部分は
動物モチーフ

子どもの雨傘ではなく
淑女用のパラソル

鳥の頭になった取っ手部分
と傘の骨の先のキャップ
がベークライトでできて
いる、ラブリーな日傘。
1930年代。£20
SHOP ● デコデンス　P.102

SLOANE STREET
映画館
KING'S RD.
FLOOD STREET
SLOANE SQUARE
Jennifer Parsons and Margaret Williamson

● ジェニファー・パーソンズ・アンド・マーガレット・ウィリアムソン
Jennifer Parsons and Margaret Williamson
淑女気分を満喫できる
クラシカルな装身具がいっぱい

帽子やコスチューム・ジュエリーなど装身具が
中心。「女性も帽子を被るようになったのは
1930年代以降。ですから、デザインが充実した
30～60'sのものを集めています」。銀の表紙のついた象牙製の秘密メモ（文字を消してまた書ける）など、昔の淑女アイテムもアリ。
Antiquarius Unit 8,131-141 Kings Road London SW3 4PW
☎01-0788-7711340
⊖Sloane Square

091

公共のものでもデザインが優れるイギリス

Public services
Design
High quality

● Interview with

森井ユカ
もりい ゆか

森井ユカさんは粘土の立体イラストレーター。お仕事の内容は幅広く、いろいろと手掛けているので一度は目にしたことがあるはず。森井さんはロンドンの雑貨の魅力に夢中で、昨年ご自分が面白いと感じた雑貨を集めた本を出版されました。

「イギリスに向かうきっかけとなったのは、実は香港かもしれない。香港返還前の2年間くらい、なんだかすごく好きになって、友達とアパートまで一緒に借りて、暇さえあれば行っていた。でも、返還された途端に熱が冷めちゃって。思えばイギリス領だった香港が好きだったのかな。」

子供のから映画でもテレビでも、気になるものはイギリスものだったそうです。

「"モンティ・パイソン"とか好きで、NHK的なチャンネルでこんなのやっちゃうんだから自由なんだろうなーって思っていた。実際に行ったら思ったとおりで、デザインや表現に枠がない。デザインが生き生きして見えた。使う人も選ぶ人もバラバラで、いっせいに同じものが受け入れられるってことがない。自分のためにカスタマイズして、自分が使って選ぶためにものを選んでいる。長く使っていくうちに個性が染み込んで味わいになっていて、こういうものを作りたいっていう自分自身のデザインの新しい方向性が見えましたね。」

デザイン関係の仕事には昔からつきたいと思っていた森井さん。独立できる仕事がしたいと考えイラストレーターとしてお仕事を始め、立体で表現することに面白さを見いだしたそうです。森井さんが心を魅かれる雑貨のポイントとは何でしょう。

「わたしが、気になってつい手にとってしまう雑貨は個性が感じられるもの。わかりやすかったり、わかりにくかったりいろいろあるのだけど、笑えちゃったり、とにかく存在感がある。雑貨は自分のために買っていますね。ちょっと変わっている見た目でも、楽しませてくれるものならOK!逆にかわいすぎるものって魅力を感じない。その点でイギリスものは共通している。子供向けのものであっても大人の鑑賞に十分耐えるスタイルを持っている。大人向け、子供向けという境界線をピシッってひいていない。」

子供向けのものでも甘くキャラクター化されていないというのは、著書の中で紹介されているものたちを見ても感じられます。きれいなものだけ子供には見せておけばいい、という考えのないイギリスらしさなのでしょうか。

「雑貨やデザインって絶対になくてはならないものではないですよね。人によっては無駄と思う人もいるかもしれない。でも、あれば絶対楽しくなる。そんな無駄かもしれないものを楽しめる余裕ってすごく大切

ロンドン雑貨の魅力がぎっしり詰まった森井さんの著書は一読の価値アリ。

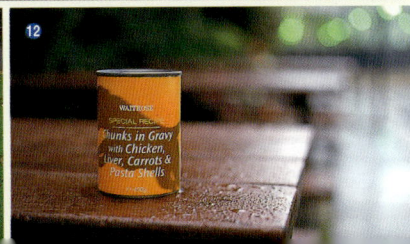

❶自然史博物館にて。人間の神経構造についての展示。

❷うずまき状の募金箱。重いお金ほど、ゆっくりとらせんを描いて落ちていく仕組みになっている。

❸ロンドンの地下鉄のポスターは、注意書きを読まなくても見てわかるようにデザインされている。「閉まるドアにご注意ください」

❹「走らないで!」

❺イギリスの人形は、日本の人形と違ってとってもリアル。

❻駅員さんに必要なものがしまわれているボックス。まさに見せる収納。

❼ロンドン動物園で買える、カラフルなゴム製のカエル。

❽消化器入れも一目でわかるデザインに。

❾バナナの形をしたバナナカッター。この形に合ったバナナを探すのは難しそう。

❿森井さんお気に入りのデザイン・ミュージアム。実際に触れてデザインの変遷を学ぶことができる。

⓫公園での大切な想い出のために寄贈されたベンチ。

⓬ドッグフードの缶詰ひとつにしても、犬のシルエットを使ったデザインといい色使いといいしゃれている。

⓭金魚の石けん。ロンドン動物園のお土産。

Photo by
❺❾ Mitsuya Sada
⓬ Teizo Nojima

私の好きな
イギリスの
雑貨・アンティーク

デザインがきっちりと
しているから、全ての
グッズが魅力的。

交通博物館には地下鉄
グッズがいっぱい。

NO SMOKING

ロンドンの地下鉄は、切符から駅名の表示にいたるまで、全てがオリジナルの書体で統一されている。
その書体が収められたCD-ROMは、一般の人も購入できるようになっている。

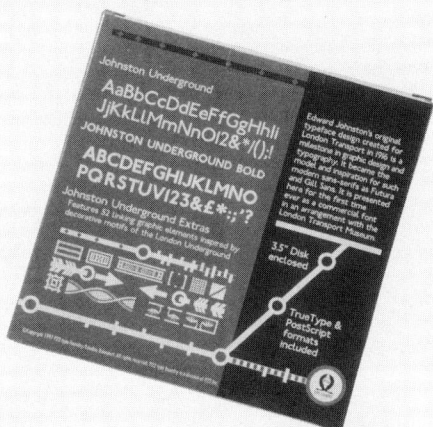

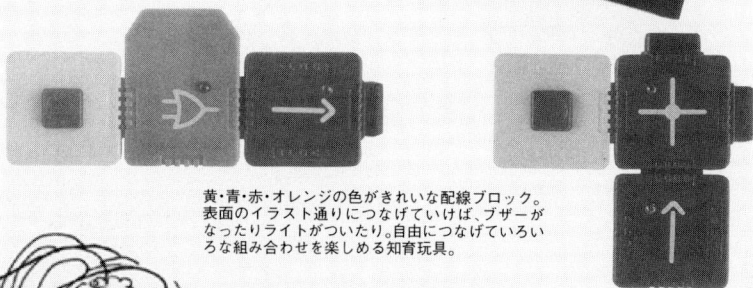

London Underground

Johnston Underground
AaBbCcDdEeFfGgHhIi
JjKkLlMmNnOl2&*():!
JOHNSTON UNDERGROUND BOLD
ABCDEFGHIJKLMNO
PQRSTUVI23&£*:;'?
Johnston Underground Extras
Features 32 linking graphic elements inspired by
decorative motifs of the London Underground

Edward Johnston's original
typeface design created for
London Transport in 1916 is a
milestone in graphic design and
modern typography. It remains the
model and inspiration for such
modern sans-serifs as Futura.
and Gill Sans. It is presented
here for the first presented
here as a commercial font
in an arrangement with the
London Transport Museum.

3.5" Disk
enclosed

TrueType &
PostScript
formats
included

黄・青・赤・オレンジの色がきれいな配線ブロック。
表面のイラスト通りにつなげていけば、ブザーが
なったりライトがついたり。自由につなげていろい
ろな組み合わせを楽しめる知育玩具。

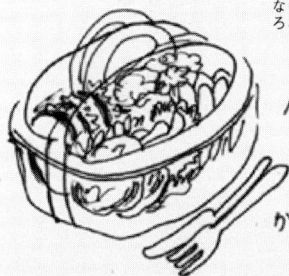

Mashの
ランチ

見ため
かわいくておいしそう！

バルーンゾウかん。
やせすぎなかわいさ♡

なんじゃないかな。デザインって特別なものに、特別な目的のためだけに使われればいいものでは決してない。もっと公共的で、みんなが目にするところにあるのが、当然のものだと思います。」

百聞は一見にしかず、ということで森井さんのお気に入りの雑貨たちを見せていただきました。次々に紹介される面白雑貨。イギリスの大型郊外型スーパー"セインズベリー"の大工用具専門店"ホームベース"の見た目がかわいい日用グッズ。イギリスのマツキヨ的存在"ブーツ"のメディカルグッズ。子供が泣いちゃいそうにリアルな、ロンドン動物園で売られている雑貨たち。デザインがかわいい交通博物館の地下鉄ものの雑貨。子供向けながら目を引いて使いたくなる教育的な実験グッズ。オックスフォード駅のとおりにある"マッシュ"というお店で使われている半透明のランチボックスなどなど。どれも手抜きなのかそれが狙いなのか、心地よい気の抜けよう。甘くキャラクター化されていないというポイントもしっかりわかります。

「デザインのレベルの高さがより確かなものにアピールしていると思う。人と関わる事業の中でデザインの役割の重要性みたいなものをイギリスに行くたびに痛感しますね。具体的な例で言えば、ロンドンの地下鉄なんてすごく好き。乗るだけで、気分がよくなりますね。広告のクオリティが高くて、書体も考え尽くされていてうるさくなく見やすい。博物館もすごく面白いですよ。交通博物館では、イギリスの交通機関から会社の福利厚生まで公開してあって、事業内容がよくわかる。お土産グッズの消しゴムひとつとっても完成度が高い。どのデザインにもいえることはやっぱり子供っぽくしていないんです。」

そんなイギリスのデザインに触れて、自分自身のやりたいことのアイディアも次々浮かんでくる、と森井さんはいいます。今後やってみたいことをうかがってみました。

「以前フジテレビの天気予報画面のデザインを事務所でやらせていただいたんです。お天気マークとかのデザインなのですけれど、たまたまテレビをつけて、画面を見た人が少しでも楽しくなればいいな、と思って。公共的なものをやりたいです。全体的にデザインの質を上げていくことに関わりたい。」

具体的にはどんなことですか。

「例えば、病院のデザイン、やってみたいと思います。デザイナーがまだ手掛けていないことをやりたいですね。病院のインテリア、パンフレット、薬用の袋などのグッズとか。人ってちょっとしたことで気分が変わると思うんですよ。見るだけで明るいパワーが沸いてくるものがいい。」

森井さんデザイン満載の病院、想像するだけで楽しそう。

「あと、もうひとつ思い出しました。母子手帳。母子手帳をもらう人ってすごくハッピーな心をもっているわけですから、それを損なわせてはもったいない。ずっと大切にしていくものですし、使うたびに幸せな気持ちになる、そういうものを作ってみたい。」

イギリスのデザインが好きで、行くたびに楽しくなる森井さん。それでも日本でお仕事をやっていきたいと思われる理由のようなものはありますか。

「わたしはイギリスがすごく好きで、楽しめて、多分住んだら毎日楽しくやっていけるだろうな、というのはあります。でもやっぱり、日本でデザインに関わる仕事をしていきたい。それはこういう風になればいいな、とかイギリスで感じたり吸収したものを仕事に生かしていきたいって思うし、していくべきだって思うんですよ。何でもイギリスをそのまま取り込もうとしてはダメ。クールなだけでは上手くいかないし、折り合いをつけながら物事を見ていきたいな、と思います。」

刺激を作品に生かしていこうとする姿勢、さすがプロですね。著書の中の雑貨たちからも、森井さんのデザインに対する思い、日本のデザインに対する考えが伝わってくるようです。イギリスの雑貨、というとアンティークがまず思い浮かべられますが、たくさんの素敵なものがあふれているのですね。ひとつのものが大量生産されているわけではないので、同じ物が見つかる可能性は低いそう。でも、自分だけの出会いを見つけることができる楽しさが、イギリスにはありそうですね。

Yuka Morii ●
森井 ユカ
立体イラストレーター。90年ハンズ大賞に粘土立体作品で入選、96年にテレビ東京「TVチャンピオン」粘土王選手権で優勝、近著に『とっておきロンドン雑貨58』メディアファクトリー刊。URL http://yuka-design.com

時計
WATCHES

ポケットの
中の忠実な友

quart a repeating
ヴォールツで出逢った博物館クラス
２人のハンマーとゴングで15分毎に時を
打って知らせる、スイス・ゴールド・ポケッ
トウォッチ。青とゴールドの色も彫刻もほ
ぼミントコンディション。「稀少な博物館ク
ラスのもの」とワイス氏。
19世紀初頭、Jacq Mar作。£10.000
SHOP ● ピーター・K．ワイス **P.99**

mock pendulum
わざとメカニックを見せた稀少品
"モック・ペンダラム"風の、とても珍しい時
計。振り子みたいなものがついた、メカニッ
クを見せている時計。
ロンドン製のスターリングシル
バー、1710年、John Port作付き、鍵
付き。£4,800
SHOP ● ピーター・K．ワイス **P.99**

18ct gold and enamel wacth
ヴィクトリアンらしい ポケットウォッチ
18金ゴールドケースに羊飼いの少年とピンクのバラ、青と紫のパンジーのエナメル。文字盤は金。
スイス製、1850年。£ 950
SHOP ● アトラム・セールス・アンド・サーヴィシズ **P.99**

Masonic Swiss
石工の道具で飾られた メソニック・ウォッチ
文字盤が特徴的なメソニック・ウォッチ。珍しいトライアングル・ケースで、頂点にストーンがはめこまれ、裏側にはダイヤでフリーメーソンのシンボルの目が描かれている。
スイス製、1900年。£ 1,500
SHOP ● アトラム・セールス・アンド・サーヴィシズ **P.99**

プラチナとダイヤがいっぱいの 贅沢なカクテルウォッチ
プラチナにダイヤをセットした華やかなウォッチ。文字盤には優れた職人が手がけた目印となる繊細な模様も見える。
¥1,200,000
SHOP ● ノヴィス **P.126**

真珠母貝に装飾したウォッチスタンド

繊細華奢な リスト ウォッチ
上から：J.W.Benson Londonの伸縮ブレスレットタイプ。金属ダイヤルで日に焼けて色づきやすい。¥80,000 中：ケースが角張った、ゴム式ブレスレットタイプ。ほうろう製文字盤。¥120,000 下：ROLEXの藍の七宝のドレスウォッチ。金属ダイヤルでケースは英国、ムーヴメントはスイス製。¥580,000 **SHOP ●** ノヴィス **P.126**

ゆで卵用の
3分間砂時計
プラスチックのパネルに
砂の砂時計が付いた、エッ
グ・タイマー。きっかり3
分間で砂が落ちる。
1950年代。¥4,800　**SHOP** ●ノヴィス **P.126**

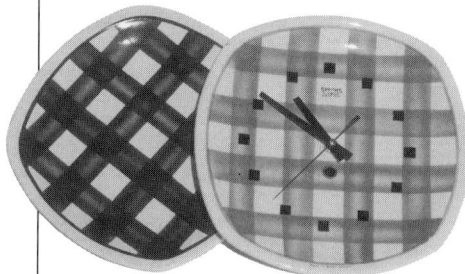

プラスチックならではの
チープな明るさがキッチュ
ジャガーなど高級車の計器類も供給
していたことで知られるSmithsの、
50'sのプラスチック製振り子時計。
¥85,000　**SHOP** ●ノヴィス **P.126**

時間を見るのが
楽しくなる時計

コンパクトながら
針も文字も凝っている
べっ甲風に見えて、べっ甲
よりも低コストで作られ
た1930年代のベークライ
ト製卓上置き時計。
¥28,0000
SHOP ●イフル・クラシック **P.126**

もらい笑いしてしまう
可愛い目覚まし時計
残念ながら非売品。お店の人も
手放さないこれは、ゴーリーの
30〜50'sのものか？と侃々諤々。
SHOP ●ジェニオ・アンティカ **P.127**

T.G.Green & Co.,Ltdと
Smithsのダブルネーム
右はギンガムチェックのお
皿が有名なT.G.Greenの
"Gingham"と、時計で有名
なSmithsがひとつの製品状
で合体したキッチン時計。
左はその元のお皿。
キッチン時計¥28,000
SHOP ●チーキー **P.126**

黒、白、赤の
幾何学デザインが粋
文字盤には目盛りがあ
るのみで、数字も文字も
消えてしまった、50'sら
しい壁掛け時計。
SHOP ●ノヴィス **P.126**

WATCHES

イギリスのおすすめ買物スポット　時計

●アトラム・セールス・アンド・サーヴィシズ
Atlam Sales & Services
アンティーク
ポケットウォッチ専門店

「18〜19世紀のポケット・ウォッチを平均以下のプライスレンジ、第一級のサービスで、がモットー。問い合わせてくれれば年4回発行するカタログを送ります」とベツィーナさん。アンティークウォッチ・キーや金、銀のウォッチ・チェーンもストックしている。

77 Portobello Road
☎0171-602-7573
⊖ Notting Hill Gate
■OPEN/土曜　7.00-16.00
■WEBSITE/www.atlam-watches.co.uk
■EMAIL/info@atlam-watches.co.uk

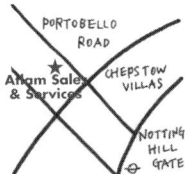

Swiss Hebdomas 8day Hunter
with niello decoration
トルコ風の文字盤と
繊細なケース装飾

蓋はシルバーを引っ掻いてロシア製の黒エナメルを凹部分に埋めこむ技法で、完璧なコンディションで残るものが少ない。文字盤は金、銀、ブルーエナメルで彩ったトルコ風の花の装飾。

1900年、8日間駆動、スイス製。£550
SHOP ●アトラム・セールス・アンド・サーヴィシズ **P.99**

Silver pair cased Verge-date
狩りをしながら時を知るために

ほうろう製の白い文字盤と上蓋のまるみがシンプルでエレガント。文字盤の12個の文字の向きがご主人様に仕えている雰囲気も。狩猟中に馬上で時計が見られるように、中央に穴が開き、文字盤のガラスを保護する縁カバーと金属蓋がある。

1770年、ロンドン製、銀製両蓋式。£400
SHOP ●アトラム・セールス・アンド・サーヴィシズ **P.99**

●ピーター・K.ワイス
Peter K. Weiss
博物館クラスの珍しい時計から
気の利いた小物まで多彩

1958年からSilver Vaultsに店を構える二代目、ピーター・ワイス氏の鑑識眼はたしか。個性的なアンティーク・クロック、夜鳴鶯が羽ばたきして歌うオルゴール、フクロウ型マッチケースなど、可愛い機械が目白押し。「アンティークは使わなきゃ意味がないからね」。

18,Silver Vaults,Chancery Lane Safe
Deposit,London,WC2A 1QS
☎020-7242-8100
⊖Chancery Lane
■OPEN/月〜金曜 9.00-17.30 土曜 9.00-13.00

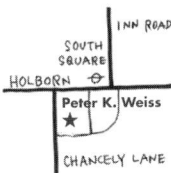

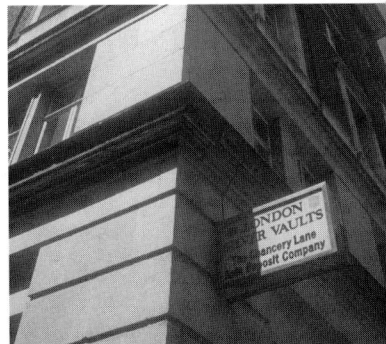

オルゴール
&楽器

MUSIC BOXES &
INSTRUMENTS

蓋の内側に描かれたロ
ココ洋式の絵が見事。

Monopol
シリンダー1本で何曲も
演奏する百年前の楽器

ミュージックボックスと
呼ばれるシリンダー式の
木製オルゴールとしては
小さいタイプ。約19cmのサ
イズのディスクに対応す
るMonopol。
ドイツのライプツィヒ製。£520
SHOP ● メイフラワー・アンティークス　P.102

The Nightingale
夜鳴鶯の絵が可愛い
ハーモニカ

箱入りで残っているのは
珍しい。1940〜50年代に作
られたナイチンゲールと
いう名前のハーモニカ。
￥9,500
SHOP ● ジェニオ・アンティカ　P.127

Symphonion
店主も手元に置いたロココボックス

ロココ様式の装飾がすばらしい木製オル
ゴールSymphonion。「このロココボックスは
暫く家に置いておいたね」と店のジョンさ
ん。ディスクサイズ11 7/8インチ、20枚付き。
ドイツ製、1892〜1905年。£5,200
SHOP ● メイフラワー・アンティークス　P.102

1920'sの英国製ガラガラ

セルロイド製の赤ちゃん用のガラガラ。象牙色に、ブルーや赤がきれい。
£70　SHOP●デコデンス P.102

Dunhill社の販促グッズ
朝食を知らせる銅鑼

喫煙具商ダンヒル社はこの熱帯の鳥をデザインした製品やプロモーション用のグッズを英国と米国で作っていて、さまざまなバリエーションがあったのだそう。これは朝食の時間をお知らせするブレックファスト・ゴング。
ベークライト製、1920年代。£220
SHOP●デコデンス
P.102

Grafton社の
初代Lucite製サックス

透明なアクリル合成樹脂のルーサイト素材で初めて作られたサキソフォン。チャーリー・パーカーも所有し、1999年クリスティーズで数万ポンドの高値で落札されているものと同じモデル。
£20,000
SHOP●デコデンス P.102

Grafton社のCPR製
クラリネット

クラシック・プラスティックスの鋳造成型品では最も値段の高い、硬くて丈夫でデザインしやすいCPRという樹脂製のもの。この初期プラスティックスで初めて作られたオリジナルのクラリネットでとても稀少。
Grafton社。£6,000
SHOP●デコデンス P.102

鳴物や楽器も
エピソード満載

「楽器じゃないけど、新鮮な形」

1930's初期、フランスでギターの形に鋳造されたセルロイド製パウダーパフ入れ。小さなワークショップに発注して20個前後しか作られなかった稀少品。とてもデリケートで壊れやすい。
£600　SHOP●デコデンス P.102

オルゴール &楽器

● メイフラワー・アンティークス
Mayflower Antiques
ミュージック・ボックスの店

自らが個人コレクターでもあるジョンさんのお店。アンティーク時計から海軍の計器類まで面白そうな仕掛けのものを扱っている。「ポンドが強いから買い付けは価格が最も低くてコンディションもいい英国内で行うけど、扱う商品はドイツ製、ライプツィヒのものが中心」。

117 Portobello Road,London W11
☎0171-727-0381
⊖Notting Hill Gate
■OPEN/日曜 7.00-16.00
■EMAIL/mayflower@ukshells.co.uk

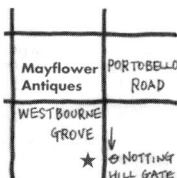

ご用の方はお手元の嘴を押してください

黄色いフクロウ型のとても珍しいデスクベル。「ムーヴメントのベルそのものはフランス製」と店のピーターさん。
1900年頃、全長12cm、高さ7.5cm。£350
SHOP ● ピーター・K.ワイス **P.99**

● デコデンス
Decodence
初期プラスティック製品
コレクターのこだわりショップ

オーナーのサッツワー氏は早口の情熱家。好きなアメリカやイギリスの30〜40'S初期の鋳造&彫刻品を集めることにかけては右に出る者なし。「とにかく話題になるものを買う」。ヴァング&オルフセンのラジオ第1号、一体一体ポーズの違うペンギン置物などもあって楽しい。

Antique 21 The Mall,Camden Passage 359
Upper Street,London N1 0PD
☎020-7354-4473
⊖Angel
■OPEN/水・土曜 10.00-17.00
■EMALI/gad@decodence.demon.co.uk

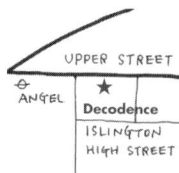

MARKET & SPOTS

琥珀色の時空に夢を紡ぐ

伝統の国の ストリートで 骨董品を探す

金曜の朝、夜明けとともに始まるバーモンジーの朝市は、イギリスを代表するアンティーク・マーケット。世界最大と謳われるストリートマーケット、ポートベローや、女性に人気のカムデン・パッセージも訪れて見たい。

ポートベロー・ロード
Portbello Road Market

ロンドンストリート マーケットの老舗

銀製品や絵画、古着、レコードなど、2000をこえる屋台が軒を連ねる、ロンドン屈指のストリートマーケット。アンティークジュエリーからジャンクアクセサリーまでロンドンならではの雰囲気。
Portobello Rd.W10
OPEN 7:00-17:30
木曜13:00まで
🚇Notting Hill Gate

バーモンジー
Bermondsey

確かなアンティーク を探すならここ

毎週金曜日、ロンドン・ブリッジ、テムズ川の南岸で開かれる玄人マーケット。高価な美術品が売りに出されることもある。掘り出し物を見つけるには、早い時間に行くことが鉄則。
Long Line,Bermondsey St.SE1
OPEN 5:00-14:30　金曜
🚇London Bridge,Borough

カムデン・パッセージ
Camden Passage Market

散策が楽しい 小道のマーケット

入り組んだ小道にアンティーク・ショップやレストランがある、楽しいマーケット。19世紀のジュエリーや雑誌、おもちゃなどが並ぶ。狙い目は、路上に商品を並べただけの露店。
Camden Passage N1
OPEN 10:00-14:00　水曜
-17:00　土曜
🚇Angel

チャーチ・ストリート、ベル・ストリート
Church Street and Bell Street

チーズ、ジュエリー 何でも揃っている

チャーチ・ストリートには300軒をこえる店が並び、電気製品やリーズナブルな衣料など、さまざまなものが売られている。ベル・ストリートでは、レコードや古着などをお値打ち価格で提供。
Church St. NW8, Bell St. NW1
OPEN 8:30-16:00　月〜木曜
-17:00　金・土曜
🚇Edgware Rd.

ブリック・レイン
Brik Lane Market

ロンドン下町の 人気マーケット

下町のがらくた市といった感じ。チェシア・ストリートやベスナル・グリーン・ロードでは壊れかけた家具や古本などに混ざって、意外な掘り出し物が見つかる。
Brick Lane E1
OPEN 夜明け-13:00　日曜
🚇Shoreditch, Liverpool St.
Aldgate East

アンティーク茶器の
買い方使い方
楽しみ方

How to buy,use
and enjoy
Antique tea cups

● Interview with

北野佐久子

きたの さくこ

北野佐久子さんは日本で初めて英国ハーブ・ソサエティ会員となって1984年に9ヶ月間、イギリスのコッツワールド地方にハーブ留学しました。さらにふたたび93年、イギリス駐在の決まったご主人と渡英し、4年間をイギリスで暮らして、帰国後は「生活者としてイギリス人と同じ目の高さで」見た、さまざまなイギリスの魅力を料理や著書などで紹介しています。

「留学時代のホストファミリーがたいへんアンティークの好きな年輩のご夫婦で、毎週末、アンティーク・フェアに連れていってもらっていたので、私もアンティークを見る目がだいぶ養われました」

と、北野さん。つい最近、イギリスを訪れて見つけてきたという自慢のブルー＆ホワイトのケーキ皿にお菓子を盛って、歓迎してくれました。

この青と白のお皿は、プラットフォーム式の上げ底で、縁までなだからな凹面になっています。転写で風景画が描かれていますが、ブルーの色がなんともいえない鮮やかな色調。

「ほら、絵が全部見えるようになっているんですね。縁が立っていると、絵が隠れて見えないでしょう？イギリスのアンティークには、こんなふうに買ってきてすぐに使えるもの

庭を手入れしている人の楽しみの一つ、タッジー・マッジー作り

が多いんです。暮らしそのものの中に文化が溶けこんでいるんですね」

フェアを巡って手に入れたアンティークは数々あれど、とくにお茶に関するものは、イギリスに住んでいるからこそ手に入れられるものがある、と力説する北野さん。

「まず、3段のケーキスタンドなんですが、このように木製のものを買いました。

シルバーではないの？と思われるかもしれませんが、あれはホテルなどの業務用として後から生まれたものなんです。こちらはヴィクトリアンのマホガニー材のもので、1900年代、イギリスの家庭ではこういうものが使われていて、銀製のものは存在しなかったんです。これは折りたためて、収納が工夫されているの。お客様が来たら、きゅうりのサンドウィッチやケーキを積み重ねて、客間の女主人の横に置いたんです。床置きだから背が高いんですね」。

ケーキと来れば欠かせない主役はお茶。北野さんが見せてくれた愛用のティーポットは、銀製の美しい装飾が施されたバーナード＆ブラザーズ社のもので、取っ手の上部と下部の二ヶ所に象牙の断熱材がサンドされています。熱湯を注いだポットの取っ手を素手で持ち上げても、手が熱くならない工夫です。

「銀は本当に難しいので、信頼のおけるきちんとした人から買うことが大切です。旅行者だと急いで買おうとして判断を誤ってしまうから、あまりお薦めできない買い物アイテムで

お気に入りのバーナード＆ブラザーズ社の銀のポット。

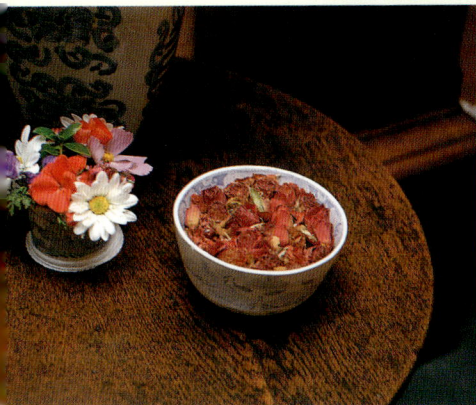

アンティークの真鍮マグカップと青の染付。ポプリと花を。

Kings Jones Hunting Rodgeの女主人マーガレットさん。

害虫を防いだり、弱った植物を元気にするカモマイユのベンチ。

イギリスのケーキは
どっしりとして密度が
濃いのが魅力。

気に入って
買ったロイ
ヤル・ドルト
ンのティー
セット。

イギリスでのティー。
おもてなしの一例のスナップ。

ヴィクトリア朝時代のマホ
ガニー製ケーキスタンド。

ドロップスコーンはスコーン生地を天板に丸く落として焼くだけ。

す。まずはひとりのディーラーに決めて、ちゃんと好みを伝えて探してもらうこと。一所懸命探してくれたからといって、気に入らなければ買う必要はないの。日本人には難しいんですけど、こういうときはドライでいい。ちょっとでも気に入らないところがあるものは、必ず使わなくなってしまうから、そのモノも可哀想だって、イギリスの方に教わったんですよ」

リネン類も北野さんはバースにあるとあるリネン・ショップで、と決めているそう。

「銀にしてもリネンにしても、いつも決まった人から買ったほうがいいものが手に入りますね。明確に自分の好みがあるとラク。いつでも心の中にリストを作っておくといいんです。欲しいモノにすぐに出逢えなくても待っていられるでしょう？あるとき自分と感覚の似ている人のお店を見つけたら、飛びこんで、話をしてみる。そうやって私は信頼の置けるディーラーを得て今ではお友だちの関係になっているので、この方法はお薦めです。待つということもじつはアンティークの楽しみなんですよね」

待つ楽しみ。なるほど、たしかに自分の宝物を手に入れる長いプロセスがあるほど、宝が輝いて見えそう。

テーブルの支度が整ったら、あとはティーに添えるお菓子ですが、これにも北野さん流、イギリス仕込みのアイディアが。

「バースに向かう途中にあるティールームで、スコットランド発祥のドロップ・スコーンというパンケーキのようなものを食べて、これが美味しかった

ので、お店の女主人マーガレットさんにレシピを教わってしまいました。

材料的にはスコーンと同じ。スコットランドやアイルランドといった北の地方は、オーヴンといったような窯はなくて、グリドルという天板でなんでも焼いてしまう、天板文化圏なんですよ。だから平たいパンケーキのような形をしているんですね。これはバターを塗っていただきます」

お菓子をサーブするときに、北野さんはお気に入りの脚付きのプレスドガラス製ケーキ用皿を愛用。

「プレスドガラスが好きで、いくつか持っているんです。30〜40ポンドでどこでも手軽に買えます。

私はメジャーをいつも持ち歩いているので、ケーキ皿を買うときはサッと測って、サイズを確かめるの。私が焼くケーキはいつも21cmと決まっているので、ちゃんと合うように。ケーキ皿は、自分が焼くサイズが乗るかサイズを確かめて買ったほうがいいです。はみ出しちゃうとヘンでしょ？」

これで、ひととおりのテーブルセッティングができそうですが？

「お茶の支度の最後の仕上げに、私はタッジー・マッジーを加えます。これはハーブとお花で作る小さなブーケのことなんです」

タッジー・マッジーとは、初めて耳にする言葉ですが、どんな意味なんでしょう？

「これは語源上のミステリーとも言われていて、ルーツはナゾ。16世紀の本草書にもすで

に出てきていている言葉なんですよ。

使うハーブはなんでもいいんです。多く使われるのは、シェークスピアの劇中にも登場するルーというハーブとミント、それから忘れないでという花言葉のあるローズマリー。昔のヨーロッパは、今では考えられないほど悪臭が街にたちこめていましたから、殺菌や疫病よけ、芳香剤といった目的のために女性は腰から吊り下げるシャトレーヌにもタッジー・マッジーを下げたそうですよ」

現代のイギリスではどのようにタッジー・マッジーが使われているのでしょう？

「庭にあるハーブと花でいいんです。まず中心にもってくるポイントとなる花を決めます。その周囲に3とか5とか、奇数の数でハーブを併せます。奇数だと、自分で作ってみてまとまりやすいことがわかるので、試してみてください。

色はなんでもいい。ピンクでも、黄色、ブルー、白でも。同系色のグラデーションでまとめたほうがきれいです。

タッジー・マッジーはお茶に招かれたときに持参しても、自分がホステスのときは卓上にアレンジしてもいいものなんです。ちょっとした歓迎の気持ち、という印ですね。大袈裟なアレンジメントだとかえって気疲れしてしまうでしょう？」

アンティークとお茶とタッジー・マッジー。英国式お茶の時間が楽しくなりそうです。

Sakuko Kitano ●
北野 佐久子

ハーブ研究家。日本人で初めてイギリス・ハーブ・ソサエティの会員となる。1987年に渡英。一年間ハーブ園にホームステイをする。翌年帰国し、1993年に結婚。現在は雑誌連載などを中心に活躍中。著書には「だから、イギリスが好き」など多数。

椅子&インテリア

CHAIRS & INTERIOR

心が安らぐ 木の温もり

50年以上前の小学校の机と椅子

小学校で使われていた2人掛け用のスクールデスクとチェア。机にはインク壺がおける穴が開いている。今でも使われている形。チェアは削りだしのオーク製、ダイニング用として作られたもの。
デスク£65、チェア£25
SHOP ● ブリック・ア--ブック P.115

昔も今も変わらない形が使われているところがイギリスらしい

ミシンメーカーの刻印が機能を証明

作業をするための椅子は、スチールの頑丈な足と合板からできている。座面の高さは調節可能で背もたれも姿勢に合わせて動く。機能美にあふれる椅子。
右：シンガーチェア　1940年　¥65,000　左：デスクチェア
¥7,5000　**SHOP** ● ロイズ・アンティークス　**P.125**

シンガーチェアの
真似したデスクチェア

十字架がくり抜かれた
教会の簡素な椅子

イギリスの教会で使われていたもの。素材はオーク。ニスを塗ってきちんと仕上げてある。
1950年。£50
SHOP ● ブリック・ア・ブラック　**P.115**

小学校初級クラスで
使われた折りたたみ机

小学校の初級クラスで使われていたオークの折りたたみ式テーブルと椅子2脚。サイズが小さめでかわいい。
テーブルと椅子4脚で£200
SHOP ● ブリック・ア・ブラック　**P.115**

CHAIR & INTERIOR

カムデン・パッセージで出逢った椅子にはひっくり返りそうになりました。攻撃的デザインの脚はじつは神さまのデザイン。強烈で忘れられない家具です。ライの町では19世紀オークの椅子に。職人芸を極めた均整のとれた美しい椅子です。

スクリーンで見た家具に出会える、かも？

カムデン・パッセージの一角にある年代物の家具店"ザ・ルック・バイ・コーウェン"は、映画やTVの撮影用、舞台美術セット用にレンタルも。ディケンズ作『大いなる遺産』（E・ホーク、グウィネス・パルトロウ主演、50'sのリメイク）にも提供したとか。

家庭用椅子のおなじみデザイン

18世紀頃、ヨークシャー地方の中産階級の間で流行したスピンドルチェア。弓形の背もたれが特徴のこの椅子は1930年代の物。シンプルなデザイン。
£35　**SHOP** ● ブリック・ア・ブラック P.115

テーブル天板はシカの角の薄片を寄せ木細工風にした、努力の結晶。

リアルなシカ感を楽しめる？

「1910〜20年代にオーストリアの素人が作った一点モノ」。驚くや、脚からテーブル天板の寄せ木細工の1ピースに至るまで、丸ごとシカの角が使われた椅子4脚＆テーブルセット。座部シカ皮。
£3500　**SHOP** ● ザ・ルック・バイ・コーウェン P.115

スタイルの
ある椅子

どっしりした椅子で王の気分
どっしりとしたウォルナット材の
脚とフレームにゴブラン織りのカ
バー。アニマルレッグのフランス
製パーソナルチェア。
1880年 £750
SHOP ● ザ・ルック・バイ・コーウェン P.115

**みんなに愛される
古いオーク材の椅子**
アンティークの5脚セッ
ト。「イギリス人はみんな
オークが好きだから」と店
のサラさん。
£1500　SHOP ● アフター・ノア P.115

**ツイストレッグの
ダイニングチェア**
50'sに作られたツイスト
レッグのダイニングチェ
ア。座部をウール地に張り
替えた今ふうの表情。
£30　SHOP ● ブリック・ア・ブラック
P.115

CHAIRS & INTERIOR

床上で暮らす日
本と違って、ソー
イングボックス
まで椅子に座っ
ている。

木製ダイスのつまみがちょこんとアクセント
昔のミシン椅子のような三脚の籐と木でできたソーイング
ボックス。中はこんなに可愛いバラ模様の布が張られている。
¥24,000 **SHOP** ● マチルド・イン・ザ・ギャレット **P.126**

木製ゆえの
ぬくもりが
いっぱい

**こげ茶のベアの
ドアストッパー**
一見、一刀彫りのようにも
見える、重たい樹脂製の
ベアのドアストッパー。
¥18,000 **SHOP** ● グローブ **P.125**

おもちゃとは思えないような、
リアルな紋章が入った木製の盾

真面目を装ったリアル
な猫の表情が面白い

ユーモア感覚でわかる
センスの良さ
皿の部分は魚、その上に猫
というしゃれの効いた万
年筆皿。仕事が楽しくなり
そう?!
ブロンズ製
SHOP ● イフル・クラシック
P.126

レトロでモダン
ローテク・日めくり
月と日を変えるつまみが60'sのスペース
ものを彷彿させて楽しい。
SHOP ● アフター・ノア P.115

壁に飾りたい
剣と盾のおもちゃ
子供用のおもちゃもこの
完成度。チャンバ
ラごっこをやっ
てあそばせてあげ
ましょうというコ
ピーが書かれている。
木製。£14.50
SHOP ● アフター・ノア
P.115

50'sスタイルの楽しい
テーブルライト2つ
上:白地に赤のグラフィカル
な柄を入れた50'sらしいラ
イト。
下:ボールのついた三本脚
スタンドがポップ。アト
ミックのような幾何学柄
シェードはプラスチッ
ク製でとても柔らか
い。1950年代。
SHOP ● ノヴィス
P.126

ずっしり重くてカラーは軽め
1940年代に作られたフェノール樹
脂製のブックエンド。左右1対の天
使の翼のモチーフがデコ風。
SHOP ● デコデンス P.102

左が普通の状態。畳むと
右のように低くなる。

現在では見かけない木製
の機能派椅子
ポートベローで見つけた、
50年代の子供用椅子。折た
たんで高さを調節できる
というスグレモノ。

キッズご用達の曲げ木の椅子
子供の身長に合わせた背の低いベ
ントチェアはビーチ材でできてい
る。1930年代のもので、座面にはス
チームで成型された模様が施され、
身体のラインにフィットするよう
に考えられている。
右:キッズアームチェア、¥35,000　左:キッ
ズチェア、¥25,000
SHOP ● ロイズ・アンティークス P.125

進化する椅子は
バラエティ豊か

時の経過とともに冴える美しい 木目
ビィジャーチェア。ビィジャーとは籐で編
まれた座面の名称で、全体的にほっそりと
した椅子。歳月に磨き込まれたウォール
ナット素材の木目が美しい。
1890年代、¥75,000
SHOP ● ロイズ・アンティークス P.125

背もたれの細工や
足のラインも女性的
艶やかなマホガニー材が
椅子の年輪を感じさせる。
女性が化粧をする時に
使った椅子とあって、背も
たれの繊細な木彫と赤の
布張りの座面が華やか。
1890年代、¥75,000
SHOP ● ロイズ・アンティークス
P.125

CHAIRS & INTERIOR

イギリスのおすすめ買物スポット 椅子&インテリア

●ブリック・ア・ブラック
Bric-a-Brac
オークやパイン材の
どっしりとした古家具

Bric-a-BracとはSmall things、可愛い小物やあまり価値のない骨董品のこと。船の倉庫だった建物を3店舗でシェア。オーナーのひとり、ジーンさんのお薦めは、吹く風によって一組の音を鳴らす鉄製のウィンド・チャイムズや100年以上前の古風で温かみのある家具。
The Loft Unit 5,The Strand,Rye East Sussex
国鉄Rye駅までは、ロンドンのAshford International駅から、Eastbound方面列車に乗り換えて30分弱
■OPEN/毎日　10.00-17.00

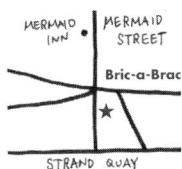

●アフター・ノア
After Noah
ソープもあれば家具もある
テーマは「なんでも市」

新しいものも古いものも取り混ぜているリビング雑貨店。家具は一点もののアンティークとヴィンテージ風の受注生産品、リネンや食器、ジュエリーは最近のもの。フルーツや果物をベースにした量り売りのアロマソープや、金魚プリントのシャワーカーテンも人気。
261 Kings Road,London SW3 5EL
☎020-7351-2610
⊖Sloan Square
■OPEN/月～土曜　10.00-18.00
日曜・祝日　12.00-17.00
■WEBSITE/www.afternoah.com
■EMAIL/mailorder@afternoah.com

●ザ・ルック・バイ・コーウェン
The Look by Cowen
撮影にもしばしば使われる
ドラマティックな年代物が

鹿の角を使ったテーブル&椅子など、ドラマティックな年代物の家具が揃うChristopherとSusanのコーウェン・コンビによる店。ロンドン郊外の有名なスタジオ、パインウッド・スタジオによく貸し出すなど、家具のレンタルも行う。ブライトンにも店がある。
27 Camden Passage Islington,London N1 0PD
☎0171-226-6225
⊖Angel
■OPEN/土・日・月曜　8.00-15.00頃

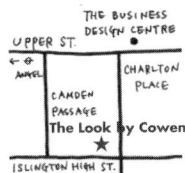

筆記用具
& 額

百年前の
シャープ
ペンシル

❼

❶

❸

❷

❹

❻

❺

❾

❽

❿

コレクターも多い可愛いペンシル

❶暖炉で使うふいごの形:1900年頃、£120。❷ゴールドのツイスト彫り:1920年代、£80。❸長いゴールドのシャープペンシル:上部が開いて替え芯が入る、1840年、£250。❹シルバーの鉛筆ホルダー、1830年、£110。❺ワインボトルの形:1900年、ベークライト製、£85。❻黒いボトルの形:1900年頃、£120。❼ペン先の形をしたシャープナー:1893年、£11。❽象牙とゴールドの星模様:£85。❾小さなアイボリー色の骨製のもの:1900年頃、£155。❿銀メッキの石斧型:1900〜1920年、£110。
SHOP ●ル・ショップ P.119

STATIONERY & FRAMES

シルバー製のシャトレーヌのペン

フランス宮廷の貴婦人の間で流行した、ベルトから鎖で吊す小物、シャトレーヌは、イギリスにも広まった。自分用のニードルケース（エリザベス1世はクッション作りに熱中して貴婦人たちはクッション製作の腕を競った）やハサミ、ペンなどさまざまなアイテムがあり、いずれも金銀細工師による華麗な装飾が施された。シャトレーヌの装飾は金銀製品と同様に発達し、19世紀末にも流行。

1907年、£265　　SHOP ● ル・ショップ P.119

腰のベルトからつるすシャトレーヌは華やかさが競われた。

マーガレットで飾ったパレット型

ヴィクトリアンの頃のものと思われる手彩色の華やかなフォトフレーム。

£278　SHOP ● ハイマン・アンド・ハイマン P.119

花のようなモザイクのフレーム

ブルーのグラデーションによるモザイクで飾った19世紀のヴィクトリアン様式らしい写真立て。

£38　SHOP ● ハイマン・アンド・ハイマン P.119

ドラマティックな観音開きのデコ様式

ディアマンテ（光を放つカットガラス）とシルバーの構築的なデコデザインによるフランスの額。

£345　SHOP ● ハイマン・アンド・ハイマン P.119

手仕事の味わいがあるメタルのオーバル型

飾りのない、すっきりした楕円のフレーム。1930〜40年代のフランスで作られたもの。

£45　SHOP ● ハイマン・アンド・ハイマン P.119

黒猫親子の
ブラックボード

子供用のネコ黒板。黄色の
フェルトを茶巾絞りにし
ただけの黒板消しがカワ
イイ。近年のもの。

¥4,800
SHOP ● ジェニオ・アンティカ P.127

小物入れに使いたいカラー用ケース

ダークグレーにピンクと黄色でチュー
リップが描かれたこの渋め
の箱は、ドレスシャツの
カラーを収納した物。
SHOP ● マチルド・イン・ザ・
ギャレット P.126

ハンドスティッチの
ニードルケース

粗い目のリネンにオレン
ジや黄色や緑で花を手刺
繍した、見せびらかし携帯
用ニードルケース。

1930年代。£ 6
SHOP ● アルーカズ・オブ・イズリントン P.063

テリアのレリーフ
付きトランプ入れ

1930年代のセルロイ
ド製カードケース。
セビリヤングリーン
に立体的な彫りを
施した2匹のテリ
アがアクセント

£ 65 SHOP ●
デコデンス P.102

舌がメジャーになった
キュートな陶製ドッグ

お座りしていても働き者。舌が
ペローッと伸びて長さ1mのメ
ジャーになる、黄色と茶色の
チェックも可愛い陶器の犬。

¥12,000 SHOP ● チーキー P.126

STATIONERY & FRAMES

●ル・ショップ
Le Shop
稀少性の高いペンや鉛筆から
ジュエリーまで。かわいさ満点
オークションハウスでも取り扱われるペンシルの多くはSampson Mordan & Co.,Ltd.で製造されたもの。オーナーのアンジェラさんはS.Mordanの工場が大量生産した1820's〜1945年の可愛いものを集めている。
Antiquarius,Stand 19,
131-141 Kings Road Lodon SW3
☎0171-352-4690
⊖Slone square
■土曜日にポートベロー・マーケットに出店(The Crown Arcade,119 Portbello Road London W11,Saturday 7.00-15.00まで)。

●ハイマン・アンド・ハイマン
Hayman & Hayman
フォト・フレームと香水瓶
母娘オーナーらしい品揃え
ハイマン母娘が経営するオブジェのお店。シルバーや鏡、ガラス、人造ストーンなど、キラキラ輝く素材を使った、1940年代のものに多いモダンデザインの写真立てや香水瓶などを集めている。
Antiquarius K3,135 King's Road London SW3 4PW
☎0171-351-6568、0181-741-0959
⊖Slone Square
■OPEN/11.00-18.00

●イン
In
ステーショナリーも見つかる
チープ＆エスニックな雑貨店
スピタルフィールズ・マーケットの会場にあるインショップ。世界中のエスニック・テイストをミックスさせた、リーズナブルな雑貨や家具が中心。シンプルなオリエンタルグッズや漢字モチーフが人気。中国風水にハマっている人も多いのだそう。
13a Lamb Street , Old Spitalfields Market ,
London E1 6EA
☎0171-247-3561
⊖Liverpool Street
■OPEN/年中無休　10.00-18.00

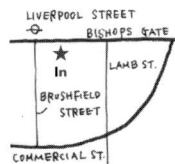

本 & 版画

BOOKS & WOOD PRINTINGS

たのしいマドリガルを歌うには

ルネサンス期の子どもたちがリュートを弾いて遊んでいる表紙の絵本。タイトルまわりに花があしらわれている。マドリガルとは無伴奏のコーラス曲で、16世紀頃からヨーロッパで流行した楽しげな恋の歌。
『Sing a Merry Madrigal』 £28
SHOP ● ビブリオン P.123

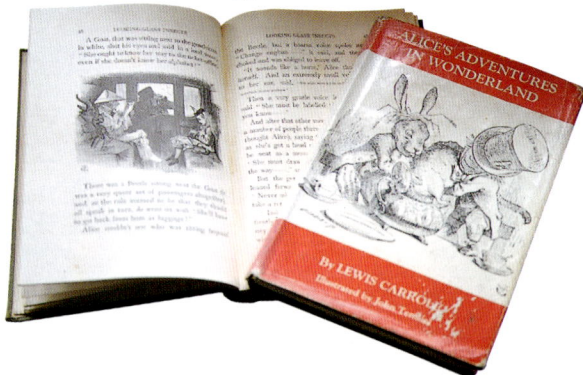

『ふしぎの国のアリス』
1950年代のデザイン物

ルイス・キャロルのアリスが大好きでイギリス好きになった人たちには貴重本。
£12
SHOP ● ザ・ミーズ・ブック・サーヴィス P.123

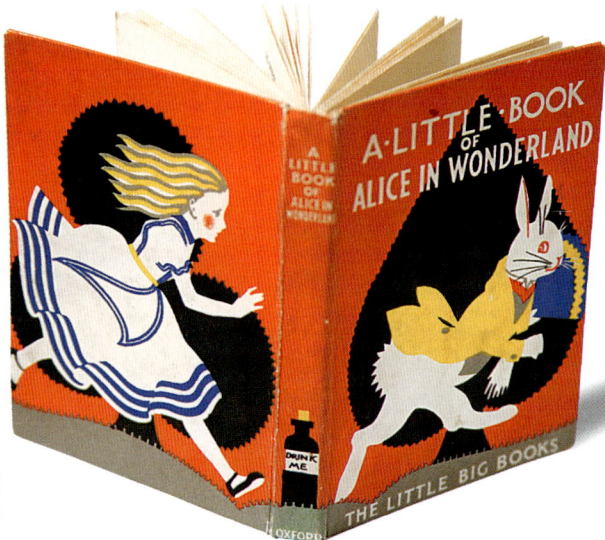

イラストがきれいな
おやゆび姫の児童書

青を背景にツバメの絵が描かれた美しい表紙は、ご存知、アンデルセンの親指姫。19世紀末のエッチングによるイラストが美しい。
『Fairy Tales』, by Fans Christian Andersen , illustrated by E:V:B , London Sampson Low Marston Seatle & Rivington , 1887年。£96
SHOP ●
ビブリオン
P.123

絵を見るだけでも楽しめるアリスの本

左の本は５０点にのぼる挿し絵入り。右の本の表紙には帽子屋のティーパーティーの場面が描かれている。
左:『Through The Looking - Glass And What Alice Found There』、
右:『Alice's Adventures In Wonderland』£22
SHOP ● ザ・ミーズ・ブック・サーヴィス P.123

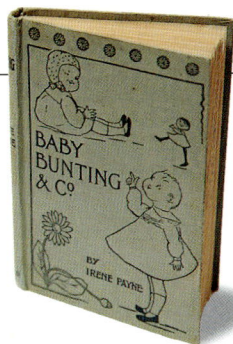

ベビー・バンティングと人形コーの冒険

「ベビー・バンティングは、ナニーがパン屋と話
しこんでから裏通りへ出かけてしまったすき
に、お人形のコーを連れてヨチヨチと、庭を抜け
て門の外に出ていってみました……」さて？

『Baby Bunting & Co』、by Irene Payne , Jarrold , 1965. 初版、£95.80
SHOP ● ビブリオン **P.123**

とにかく気になるキュートな絵本

A.Nobodyというイラストレーターの描く、妙に脚の長い
とぼけた紳士が主人公のカラー絵本。イラストもタイト
ルもお話も可愛くて、印刷の色も古めかしく、見たら欲
しくなってしまう毒な2冊。

左：『A.Nobody's Nonsense for somebody anybody nobody particularly
the babybody』、A.Nobody's London Gardner Darton & Co.刊、1896年、£
68.80。右：左の続編らしい。『Some More Nonsense for the samebodies
as before』、A.Nobody's London Gardner Darton & Co.刊、1896年、稀少、
£68。　**SHOP ●** ビブリオン **P.123**

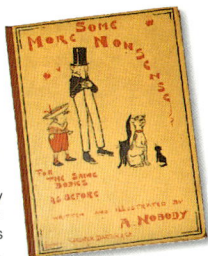

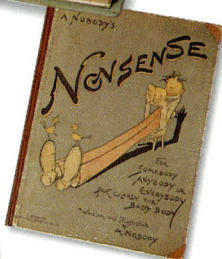

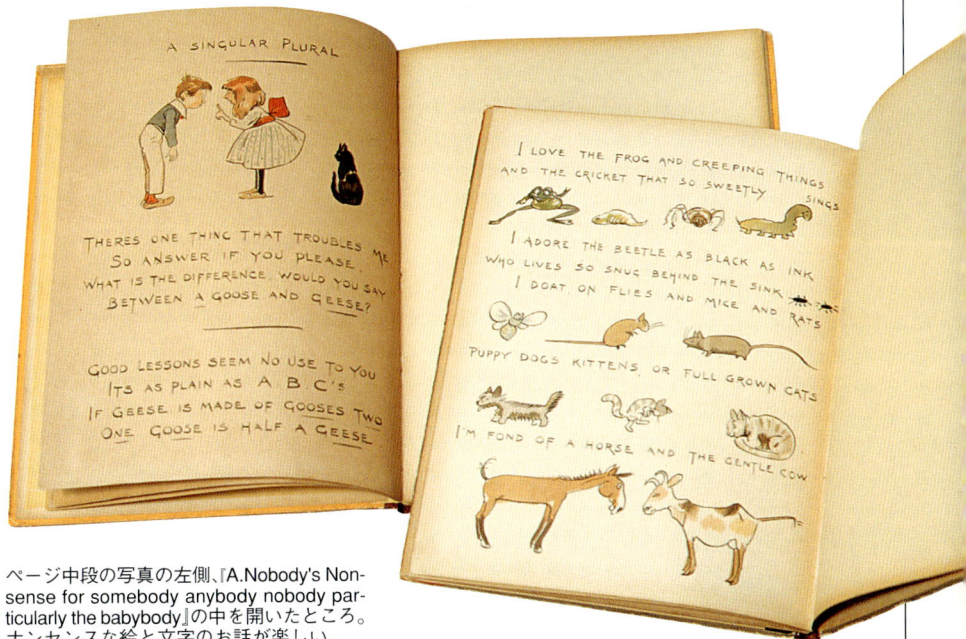

ページ中段の写真の左側、『A.Nobody's Non-
sense for somebody anybody nobody par-
ticularly the babybody』の中を開いたところ。
ナンセンスな絵と文字のお話が楽しい。

BOOKS &
WOOD PRINTINGS

賭け好きの血脈も
偲ばれるトランプ
箱に記されてあるホイストとは、4
人を2組に分けてするカードゲー
ムのことで、今のブリッジの前身。
¥7,800　**SHOP** ● マチルド・イン・ザ・
ギャレット　**P.126**

細密さに息を飲む
ボタニカルアート
アイリスの色刷り図譜。雌しべの様子
まで子細にスケッチされている。£12。
赤い花の色刷り図譜。£12。
SHOP ● ザ・ウェストボーン・プリント・
アンド・マップ・ショップ
P.123

ポートベローにあるザ・ウェストボーン・プリント・アンド・マップ・ショップ
にて。複製品は一枚もない手彩色図譜や手彩色プリント、色刷り、多色刷りの
図譜など。観察眼が細かく、彩色も美しく、見ていて飽きない。
16〜19世紀にかけて本の挿画法として使われていたアンティークプリント
は、今ではおもに図鑑の挿画法として動植物、建築物、地図、風景、人物などが
用いられる。職人たちの手によって木版や銅版、石版などに緻密にデザイン
されたこうした版画は、今では再現できないものも多い。

●ビブリオン
biblion
ディーラー150人、蔵書12,000冊
最新システムで検索も簡単

絵本から地図、写本や手書き証書、各種初版本、限定本まで£10〜£10万。「うちは何といっても数と種類。立地もいいし、レイアウトがいいからすぐ探せる。PC検索も自由、値段もまずまず。websiteやメールで登録すればもっと便利」とマネージャーのプール氏。
1-7 Davies Mews,London W1Y 2LP
☎0207-629-1374
⊖Bond Street
■OPEN/月〜土曜　10.00-18.00
■WEBSITE/www.biblion.com
■EMAIL/info@biblion.com

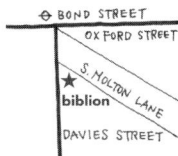

●ザ・ミーズ・ブック・サーヴィス
The Meads Book Service
探して送り届けてくれる
小さな町の小さな古書店

12世紀から栄えたライの町の歴史書やライ出身の作家Henry James、E.F.Bensonの本も。欲しい本のリストを送れば探して郵送してくれるクライヴさん。好きな本はアラビアンナイト中の一話、豪商の船乗りの七度の冒険航海談「Captainシンドバッド」とのこと。
5 Lion Street,Rye.East Sussex TN31 7LB
☎01797-227057
国鉄Rye駅までは、ロンドンのAshford International駅から、Eastbound方面列車に乗り換えて30分弱。

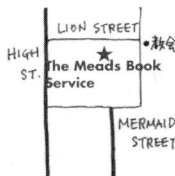

●ザ・ウェストボーン・プリント・アンド・マップ・ショップ
The Westbourne Print & Map Shop
アンティークプリント
＆古地図の専門店

Burr氏が88年から店を構える、手彩色版画と古地図の店。質の高いセレクションにより、世界中からリピーター多数。1851年万博でクリスタルパレスをつくった建築家で植物学者でもあったパクストンの鳥類や魚類の手彩色図譜の原画（1840〜）もあった（各£40）。
297 Westbouene Grove W11 2QA
☎0171-792-9673
⊖Notting Hill Gate
■OPEN/金曜　11.00-16.00　土曜　8.00-17.00

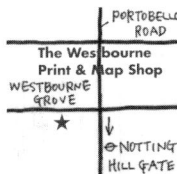

日本で買える
イギリスの雑貨と
アンティークのお店

お店それぞれのこだわりで集めたカップ＆ソーサーやジュエリー

インテリアや雑貨のお店があなたの近所でもきっと見つかるはず。

下北沢
momo

女の子の幸せな思い出
がつまった屋根裏部屋
ヨーロッパやアメリカで買
いつけた、アンティークボタ
ンや布地などの手芸用品や
テディ・ベアが見つかる。
東京都世田谷区北沢2-35-15 2F64号
☎(03)3469-8318
■OPEN/12:00-20:00 　無休

池尻大橋
THE GLOBE

アンティーク家具店
の老舗的な存在
質の高いチークにはじまり
マホガニーの家具、装飾品や
キッチン用品まで幅広い商
品を取りそろえてあるお店。
東京都世田谷区池尻2-7-8　グローブビル
☎(03)5430-3550
■OPEN/11:00-20:00 　無休

国立
RED BARROW

掘り出し物が見つかる
蚤の市のような雰囲気
のみの市を彷彿とさせる店
内には、ほうろうなどのキッ
チンウェアや時計、キャラク
ター小物が所狭しと並ぶ。
東京都国立市中1-10-5
☎(042)575-7165
■OPEN/12:00-19:00 　水曜定休

数多い品揃えの中からいいものが
探せるアンティークのお店です

学芸大学
ロイズ・アンティークス

質が高く、きれいな商品
が必ず見つけられる
英国にリフォーム工場を持
ち商品のコンディションは
良い。1920〜30年代のオー
ク材の家具は特に充実。
東京都目黒区碑文谷2-5-15
☎(03)3716-3338
■OPEN/11:30-19:00 　水曜定休

中目黒
MINT HOUSE

プレゼントを探すなら
種類の豊富なこのお店
ギフトに最適な品揃え。ベア
やキッチン雑貨、ガーデン雑
貨の他にスージー・クーパー
などのアンティークも扱う。
東京都目黒区東山1-4-13 A-1
☎(03)5725-1055
■OPEN/12:00-20:00 　土曜定休

吉祥寺
クール・ドゥ・クール

明るい雰囲気の店内は
常に女の子でいっぱい
キャラクター・グッズであふ
れる店内は、女の子で賑やか。
人気キャラクター、ビスケッ
ト「ルル」にはここで会える。
東京都武蔵野市吉祥寺本町2-17-14
☎(0422)22-6472
■OPEN/11:00-21:00 　無休

Amane

SHOP GUIDE

表参道
Chee-Kee

かわいいだけじゃなく
実用的な物がいっぱい

オモチャ箱をひっくり返したようなカラフルな店内。実用的なキッチンウエアーは種類も豊富にそろえてある。

東京都渋谷区神宮前4-14-6
表参道ハイツ101
☎(03)3479-6858
■OPEN/12:00-18:00　月曜定休

代官山
マチルド イン ザ ギャレット

一歩踏み込めばそこは
ヴィクトリアンの世界

ヴィクトリア朝の雰囲気で統一された店内には、スージー・クーパーの食器やオリジナル商品が揃っている。

東京都渋谷区恵比寿西1-33-3
☎(03)3461-0903
■OPEN/11:00-19:00　無休

代官山
NOVICE

スージークーパーのお
皿を探すならこのお店

1920～60年代の時計や食器などバラエティーに富んだ品揃え。特に50年代の軽やかな雰囲気のグッズが豊富。

東京都渋谷区代官山町12-3
☎(03)5458-4980
■OPEN/11:00-20:00　無休

広尾
イフル クラシック

ルネ・ラリックの作品
にも出会えるお店

美しいグラスの品揃えは抜群で、ルネ・ラリックの作品にも出会える。その他レース類のコレクションも美しい。

東京都渋谷区広尾5-24-9
広尾矢崎ビル1F
☎(03)3449-0932
■OPEN/12:00-19:00　水曜定休

この本は2000年6月～7月の国内、海外の取材に基づき編集されたものです。価格、住所、連絡先等、それ以降に変更のあった場合は、何卒御了承下さい。

自由が丘
マダム・ローザ

落ち着いた店内はシックで大人っぽい雰囲気

1900年代の宝飾品や小物が充実している。ボヘミアン・ガーネットなどハイグレードな商品も多く見つかる。
東京都目黒区自由が丘2-16-25
シグナルヒル1F
☎(03)3717-4568
■OPEN/11:00-18:00　日曜定休

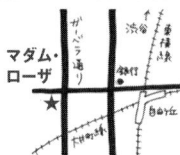

西荻窪
とおめがね

キッチン雑貨の持つやさしさが溢れる店内

主にイギリス・アメリカのキッチン雑貨や古着、ベアを扱う。広くはないけれど宝探しの楽しさが味わえるお店。
東京都杉並区西荻南3-17-7
☎(03)3331-9698
■OPEN/15:00-20:00　無休

自由が丘
Lasboo

オーナー自ら商品選び掘出し物が見つかる店

オーナーが英国の友達やマーケットから直接商品を買い付けている。ガラスケースの中は特にお気に入り。
東京都世田谷区奥沢6-1-21
☎(03)3702-2630
■OPEN/11:00-19:00　水曜定休

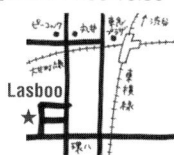

素敵なアンティークショップがあなたが来るのを待っています

恵比寿
GENIO ANTICA

ポップでカラフルな1950〜70年代の雑貨達

何かおもしろいものを発見できそう、そんな探検心をそそられるお店。遊び心あふれるアイテムがいっぱい。
東京都渋谷区恵比寿西2-6-7
☎(03)3496-3317
■OPEN/12:00-19:00　日・祝日は
　　　　　12:00-18:00　無休

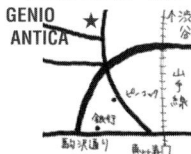

恵比寿
PORTICO

インポート雑貨のお店では草分け的な存在

店内に並べられた商品のセンスはさすがに渋い。ちょっとおもしろいアイディア商品や発明品を発見できる。
東京都渋谷区恵比寿南1-16-7
1990館エビスツイン仁平
☎(03)-3792-0959
■OPEN/11:00-20:00　無休

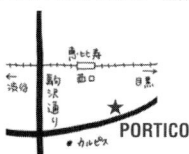

吉祥寺
L'ange passe

リネンや食器が豊富カジュアルな雑貨も

元フランス料理のシェフがオーナーのお店だけあって、リネンや食器、キッチン用品の品揃えが充実している。
東京都武蔵野市吉祥寺本町4-13-15
☎(0422)20-0522
■OPEN/13:00-19:00　水・木曜定休

日本で イギリスの いい物の 探し方

ロンドンのマーケットや店で「こんな物ないですか？」とたずねると、真面目な顔で「日本で探してごらんよ」と答えられることがあります。それは冗談じゃなく、日本は特にコンディションのいい物そして、コレクターに人気のアイテムが、もしかしたら、世界で一番たくさん集まる国かもしれないからです。日本のお店の人はとても親切。まずあなたがどんな物が好きかを伝えることがいい物探しのコツです。在庫リストからぴったりの物が見つかることも。

Zakka

仙台
イギリス館

イギリスのキッチン
小物がメインのお店

オーナーがロンドンだけで
なく、イギリスの田舎町まで
足を運び探したアイテムは、
温かいカントリーテイスト。

宮城県仙台市泉区市名坂鳥井原64-1
☎(022)375-5340
■OPEN/10:30-18:30　水曜定休

目黒
ヴィクトリアン ボックス

ヨーロッパの時計や
ジュエリーが揃う

1900〜1940年頃の宝飾品。特
にダイヤやパールを使った
宝飾品はデザイン、価格帯と
もに充実したラインアップ。

東京都品川区上大崎2-24-18-201
アンティークギャラリー目黒
☎(03)3494-6768
■OPEN/11:00-19:00　月曜定休

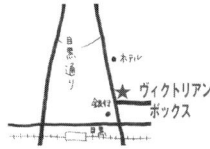

表参道
CROA

眼鏡やボタン、時計と
種類の多さは圧倒的

ヨーロッパでアンティーク
ショップを開いていたとい
うオーナー。種類の多さは
圧倒的で、逸品揃い。

東京都港区青山3-6-1
ハナエモリビルB1
☎(03)3499-2623
■OPEN/11:00-19:30　無休

名古屋
クラール セゾニエール

イギリスや京都の
ファブリックが充実

家具や照明器、食器など、イ
ンテリアグッズを扱うお店。
特に、ファブリックや食器は
充実した品揃え。

愛知県名古屋市千種区星ヶ丘町15-27
トーカンマンション1C
☎(052)781-2517
■OPEN/11:00-21:00　不定休

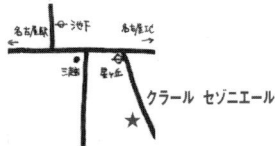

この本は2000年6月〜7月の取材に基づき編
集されたものです。住所や連絡先等、それ以降
に変更のあった場合は、何卒ご了承ください。

129

目黒
MIHO MURAYAMA

コレクションは
マニアも唸る充実ぶり

ジュエリー、鞄、小物など、
ジャンルや年代をとわずに
集められた商品で、特に天使
モノや人形は逸品ぞろい。

東京都品川区上大崎2-24-18-201
アンティークギャラリー目黒
☎(03)3493-1971
■OPEN/11:00-19:00　月曜休

仙台
old gate

温かな雰囲気の
カントリーティスト

カントリーティストのアン
ティーク家具やガーデニン
ググッズが揃う。一階はフラ
ワーショップ。

宮城県仙台市泉区市名坂寺下62-1
カントリーマーケット
☎(022)773-6030
■OPEN/10:30-18:30 水曜定休

吉祥寺
JUBILEE MARKET

メイドイン英国の
アンティーク家具の店

ツーフロアーからなる、広い
店内には、年代ものの英国製
の椅子やテーブルが、見やす
くディスプレーされている。

東京都武蔵野市吉祥寺本町1-4-14
☎(0422)21-7337
■OPEN/11:00-20:30　月曜休

アンティークと雑貨の組み合わせで
コーディネイトできるお店たち

長崎
ECRU DECOR

古いものは18世紀
キッチン用品がメイン

1920～1930年代の陶器や
ホーロ製品などのキッチン
用品が中心の品揃え。他に
レース製品やミラーなど。

長崎県長崎市浜町9-8 カロムビル404
☎(095)823-4391
■OPEN/10:30-20:00
　第1・3木曜定休

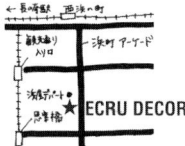

目黒
アムス テーブル＆チェアーズ

イギリス製のアン
ティーク家具が充実

英国のアンティーク家具や
キッチングッズがメイン。
他に、オリジナルのテーブ
ルやカップボードも。

東京都目黒区下目黒5-3-12
☎(03)5721-3833
■OPEN/10:00-19:00　火曜休

代官山
Antiqulosium

繊細なヨーロッパの
レース製品がメイン

ヨーロッパのアンティーク
レースのドレスをメインに、
イギリスのジュエリーや帽
子など小物も揃う。

東京都渋谷区代官山町20-23
東急アパートメント1F
☎(03)3461-5295
■OPEN/12:00-20:00　火曜休

名古屋
ティザーヌ・インフュージュン

年代、産地を限定せず
自由に選ばれた雑貨
和、洋のテイストが上手く
ミックスされた店内。アルミ
のスプーンやフォークなど
のカトラリー類はお薦め。
愛知県名古屋市東区東桜1-10-3
ノリタケビル7F
☎(052)951-7117
■OPEN/11:00-18:50 木日曜・祝日定休

原宿
TIN'S COLLECTION

ブリキ缶から時計
アクセサリーまで
食品、時計、アクセサリー、鞄
と商品の間口の広さは、オー
ナーの多趣味を物語る。店名
のTINとはブリキ缶の意。
東京都渋谷区神宮前2-3-30
第2竹上ビル102
☎(03)5410-3478

代官山
スミスアーティーク

ミッドセンチュリーの
イギリスの椅子が人気
'50～70年代のイギリスア
ンティーク家具や雑貨をメ
インした品々は、ひと味
違った雰囲気。
東京都渋谷区代官山町9-71F
☎(03)3476-0609
■OPEN/12:00-20:00 無休

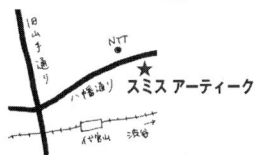

名古屋
Picnic

キュートなキッチン
グッズが並ぶ店内
カラフルな店内にはヨー
ロッパから届いた小物が揃
う。特にステーショナリーや
キッチングッズが充実。
愛知県名古屋市中区大須2-25-46
☎(052)221-1236
■OPEN/11:00-19:00 不定休

日本で見られる
Museum
博物館
いいものいっぱい

◆

西洋アンティーク美術館
日本のデザインを西洋に取
り入れたジャポニズムの品
と、日本の品々を並べて見
ることのできる博物館。イ
ギリスやドイツの陶磁器、
フランスのアール・ヌーボ
ーのガラス器などを展示。
●東京都渋谷区松濤
　1－29－12
　10時～18時　無休
　入館料大人500円

◆

ヨーロッパ民芸館
イギリスのヴィクトリアン
等、17世紀以降のヨーロッ
パの家具や民芸品を集めて
多数展示。オーケストラの
スタイルで複数の音階を同
時に演奏できるアンティー
ク楽器もコレクション。
●北海道川上郡弟子屈町
　湯の島3－5－17
☎(01548)2－1511
　9時～18時
　(冬期16時30分まで)

◆

オルゴールの小さな博物館
18世紀からヨーロッパの
各国で発達したオルゴール
の名品を展示と音色共に楽
しむことができる。平日は
1日2回。土日は予約制で
ホールでオルゴール演奏。
●東京都文京区目白台
　3－25－14
☎(03)3941－0008
　入館料1300円

◆

長崎びーどろ博物館
ヨーロッパ各国から集めた
18～19世紀のガラス工芸
品、アンティーク陶磁器、ア
クセサリー等、1000点に及
ぶコレクションを展示。ボ
ヘミアガラスは必見。
●長崎県橋口町16－10
　9時～17時　無休
　入館料大人300円

いいもの見極め
のつぼはここ!

イギリスのアンティークで人気のある
カップ＆ソーサー、銀食器、テディベア
いいものを賢く安く自分のものにするには
マークやロゴの見方を知っておくこと

カップや陶器は
裏のマークをチェック

名のある窯元のカップ＆ソーサーや製造
元の陶器の底をのぞいてみると裏底の
マークがきっと見つかります。それを確
認しながら、お店の人にも聞いてみるこ
と。その由来と時代や価値を話題にしな
がら、素敵な買い物がきっとできますよ。

カップ&ソーサー

18世紀に最初の磁器窯が生まれて以来、イギリスは、独自の美しさを誇る
カップ&ソーサーで、紅茶を日課とする人々の暮らしを彩ってきました
その裏底のマークから、窯元や製造元と年代を、読み解くことができます

スージー・クーパー
Susie Cooper

**カラフルな図柄の
船のイラスト入り**

船の絵がらは1921年くらい
から1931年頃の作品に見ら
れる。1923年以降はアールデ
コらしい色と形もある。

スージー・クーパー
Susie Cooper

**ジャンプする鹿が
可愛らしい**

ファンならきっと知ってい
るリービングディアという
有名な鹿の絵は1932年頃〜
1964年頃まで登場する。

スージー・クーパー
Susie Cooper

**シンプルな文字と
ボックスが目印**

1932年〜1956年頃、当時の
会社名クラウン・ワークスの
下にリザーブボックスとい
う四角い枠がある。

スージー・クーパーの時を刻んだ裏印

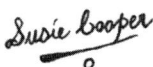

スージー・クーパー
Susie Cooper

**サインふうの
筆記体が優しい**

茶色刷りの筆記体による文
字は1933年〜1964年頃のも
ので、52年以降になるとパ
ターンナンバー等も入る。

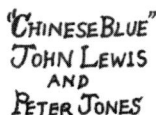

スージー・クーパー
Susie Cooper

**ブルーの文字で
デパートの名前**

スージーの名はないが、1938
年〜1942年頃、ロンドンのデ
パート、ジョンルイスと共同
開発された作品。

スージー・クーパー
Susie Cooper

**ウエッジウッドの
ボーンチャイナに**

ウエッジウッド社のメン
バーになりボーンチャイナ
だけになった1968年〜1970
年頃。スタンプの文字は黒。

ロイヤル・ウースター
Royal Worster

英国で最古の歴史
技術の水準も高い

独自の製法による磁器を開
発し、高い技術による絵つけ
が特徴。歴史を反映してマー
クの種類もさまざま。

ロイヤル・ドルトン
Royal Doulton

豊富な種類と意匠
幅も広い層が好む

実用的な陶磁器からスター
トし、芸術性の高い作品へと
広がりをもつ。マークの王冠
は王室御用達を示す。

ミントン
Minton

華麗な技法と模様
上流階級が愛好

金を使った派手目の装飾が
有名。世界で最も美しいボー
ンチャイナといわれる。マー
クは地球のイメージ。

イ ギ リ ス 独 自 の 手 法 で 生 ま れ 完 成 し た

ロイヤル・クラウン・ダービー
Royal Crown Derby

日本的な絵柄から
東洋ブームの元に

日本の伊万里焼をまねた絵
つけで代表的な地位に。裏の
マークは社名の頭文字と王
冠をあしらっている。

ウエッジウッド
Wedgwood

イギリス陶工の父
と呼ばれた創業者

18世紀には王妃に愛され、ク
イーズウェアを名のるほど
の名声を得た。裏印にある壷
は名品ポーランドの壷。

ジョサイヤが生んだ
ウエッジウッドの
ジャスパーウェア

イギリス陶工の父ジョサイ
ヤの素地に色素を含ませる
画期的な方法により完成。
カメオを思わせる純白のレ
リーフと青や緑の素地の組
み合わせは、現在もウエッジ
ウッドのシンボル的存在。

スポード＆コープランド
Sporde&Copeland

ボーンチャイナの
改良で王室御用達

素地の牛骨増量でファイン
ボーンチャイナを完成し、御
用達となる。裏のマークには
社名の3種類がある。

エインズレー
Aynsley

**特徴ある把手の
カップが魅力**

ビアマグから始まり、ボーン
チャイナにも進出して成長。
マークにある王冠は歴代王
室に愛好された証し。

パラゴン
Paragon

**エリザベス女王の
母も大ファン**

絶頂はアール・ヌーヴォー期
のロマンティックな作品で
女性に人気が高い。マークは
時代ごとにさまざま。

コールポート
Coalport

**量産品と豪華品の
二系統で展開した**

白磁の販売から発展、華美と
量産の二路線で生産した後、
コウルドンに吸収された。
マークはシンプル。

ボーンチャイナの名品の窯元の印たち

ブラウン・ウエストヘッド・ムーア
Brown-Westhead. Moore & Co

**女王の陶工として
人気を集めた逸品**

後に社名をコウルドンと変
え、豪華になった。ここにあ
げたマークは数字での意匠
登録制以前の菱形タイプ。

ダービー
Derby

**イギリスのマイセン
と言われた風格の美**

その流れはロイヤル・クラウ
ン・ダービーにも重なってい
く。このマークは経営者交代
期のもののひとつ。

時代のデザインを写したマークの歩み

クラリス・クリフ
Clarice Cliff

**女性デザイナーの
花模様が今も新鮮**

白地にクロッカスなど大胆
な花模様が有名。裏マークに
は彼女が在籍したロイヤル
スタフォード社の名が。

シェリー
Shelly

**独自のデザインや
パターンが豊富に**

デザインを重視して、次々と
時代を代表するような作品
を産んだ。裏のマークは
エンブレムに社名が基本。

トゥルーダ・アダムス
Trudd Addms

**手描きを大切に
女性的な絵つけ**

絵筆そのままのタッチと女
性的な花の模様が多い。
マークには窯の名前プール
と手描きの表示が読める。

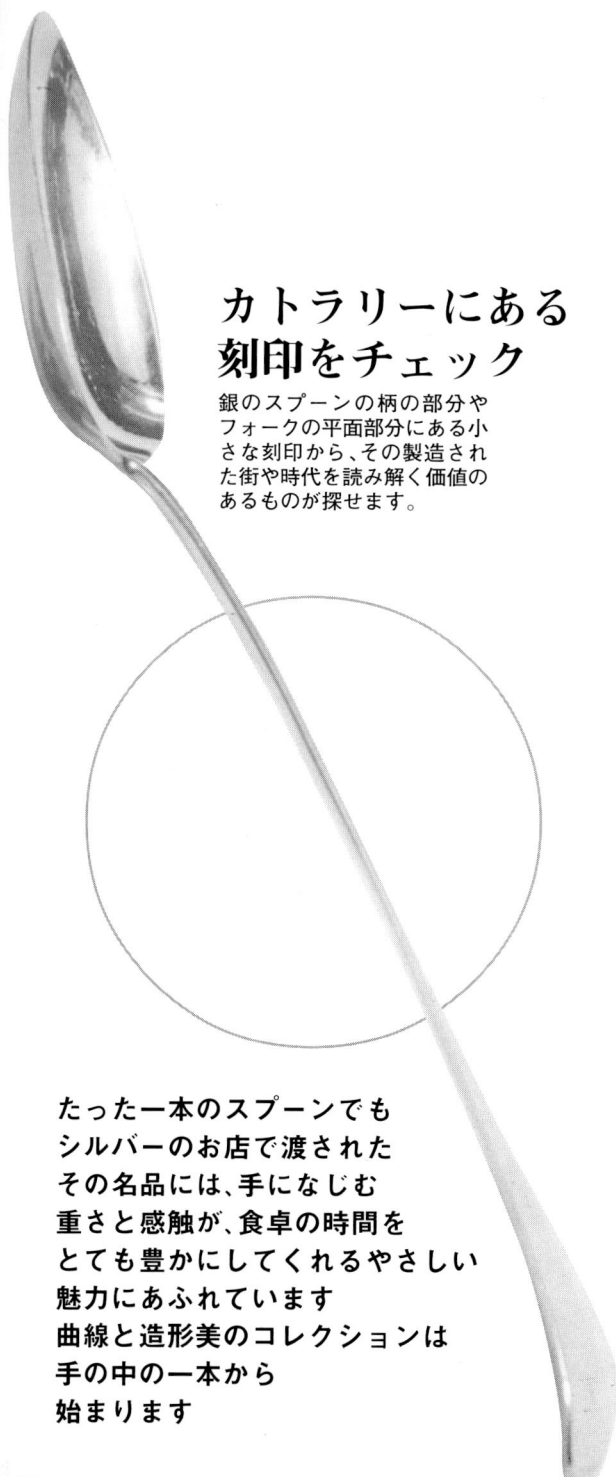

カトラリーにある
刻印をチェック

銀のスプーンの柄の部分や
フォークの平面部分にある小
さな刻印から、その製造され
た街や時代を読み解く価値の
あるものが探せます。

たった一本のスプーンでも
シルバーのお店で渡された
その名品には、手になじむ
重さと感触が、食卓の時間を
とても豊かにしてくれるやさしい
魅力にあふれています
曲線と造形美のコレクションは
手の中の一本から
始まります

ライオン・パッサント
Lion Passant

これがスターリング
シルバーの証し

英国全土で共通のマークは
「ライオンが通る」という意
味で、純度92.5％の銀製品で
あることを示すもの。

ブリタニア・マーク
Britania Mark

女神のマークは
高純度の銀を表す

英国の象徴、女神ブリタニア
は純度95.84％の英国内共通
基準ブリタニア・スタンダー
ドの銀を証明する。

デューティー・マーク
Duty Mark

王か女王かを見て
時代の目安にする

銀への納税を示し、肖像が王
ならジョージアン、女王なら
ヴィクトリア時代だと簡単
にわかる目安になる。

Silver Cutlery

銀食器

一見シンプルなデザインの中にも、装飾の造形や人々の生活の変遷を写す機能の変化から、時代毎のシルバーの魅力が見つかります。手にした柄の小さなマークから、銀食器に関わる人々の物語までが見えてきます。

アセイ・マーク、ロンドン
Assay Mark, London

ロンドンの代表はライオンの顔です

アセイマークはその銀製品がアセイ（分析評定）された場所を示す。これはロンドンのマークのひとつ。

アセイ・マーク、エディンバラ
Assay Mark, Edinburgh

スコットランドの首都から来ました

中世の面影を残す街、エディンバラ。そのシンボルである城をデザイン化したアセイ・マークのひとつ。

アセイ・マーク、バーミンガム
Assay Mark, Birmingham

昔から金属工業がさかんな街の印

資源の豊富なバーミンガムでは中世から金属などの産業が発達していた。港はなくても錨がシンボルです。

イギリスのテーブルを飾るかわいい印

アセイ・マーク、グラスゴー
Assay Mark, Glasgow

工芸も盛んな北の大都市の銀製品

スコットランド最大の都市、グラスゴーはマッキントッシュの家具でも有名なアートと工芸の都市です。

デイト・マーク/デイト・レター
Date Mark or Letter

アルファベットで年代を示す刻印

品質がアセイ（評定）された年号を文字で刻印します。場所や時代により複雑なので専門知識が必要。

メイカーズ・マーク
Maker's Mark

制作者の名前をイニシャルで刻印

その銀製品を作った専門職人の名前がデザイン化された文字で入っているので、作品のルーツがたどれる。

ドイツのシュタイフ社とも、アメリカのルーズベルト大統領の
逸話が始まりともされるテディベアの始まり
その価値よりどれが好きかがいいもの探しの基本です

ベアの体のどこかの
タグやボタンに注目

テディベアのコレクションは
基本的にメーカーが製造した
もの。タグやロゴの変化でそ
の時代も分かります。

小さなボタンに要チェック

シュタイフ
Steiff

今も残る最も有名な
老舗のメーカー

ドイツ生まれだが、ベアの世
界のトップに立つ。耳に金属
ボタンがあれば、稀少価値 が
高い。

ディーンズ
Dean's

ラベルに登場する
犬の変化にも注目

英国伝統タイプのベアだが、
後期は米画家ノーマン・ロッ
クウエルのイメージによる
限 定版も製造した。

Teddy Bear

テディベア

テディベアにはそれが作られたメーカーの系譜からファミリーもいろいろ
いつどこで生まれたのか、仲間はどれだけいるのか、そんなベアどうしの関係も
タグの違いや顔や目、体のいろんな特徴から判断できるのです

チャッド・バレー
Chad Valley

英国王妃御用達の
おもちゃメーカー

英国最大のメーカーが産ん
だ正統派のベアとして知ら
れたが、1978年アメリカのデ
パートに商標を譲った。

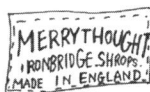

メリーソート
Merrythought

デザインの面白い
ベアが大勢そろう

チャッド・バレーと同じく正
統派でデビュー。チーキー
（なまいき）モデルは特に有
名。他にMタイプも。

ペディグリー
Pedigree

イギリス生まれの
トラッドなベア

1930〜50年代、世界最大の玩
具メーカーの傘下にあった
が、カンタベリーに移転して
からラベルが変わる。

人 気 の ベ ア た ち の 製 造 元 が せ い ぞ ろ い

ジョイトイズ
Joy-Toys

オーストラリアで
最初のテディベア

ジョイトイズは豪州で最初
のテディベア製作会社とさ
れるが、英国資本に買収さ
れ、71年に消滅した。

ハーマン＆カンパニー
Herman &Co

半世紀に渡って
作り続ける家族会社

ドイツの玩具会社の一族が
三世代で今も製造を続ける。
緑色の三角タグが有名だが
四角などいろいろ。

アイディアル
Ideal

手作りオリジナル
テディベアの元祖

始めて売られたのはニュー
ヨークの文房具屋さん。初期
のものにはラベルがないが、
40年代から付くように。

機関車トーマスのかわいい
ハロッズの小ぶりなバッグ

ロンドンのデパートの買物バッグたち

ロンドンの街での買い物にデパート巡りは欠かせない
そこでもらえたり、買うことのできる買い物バッグとの
出会いは、ショッピングのもうひとつの楽しみです

Harrods
百貨店という名に
最もふさわしい有名店

イギリスのデパートの老舗中の老舗。観光客なら一度は訪れる、王室御用達高級デパート。ここに無い物はないのではないかと思うほどの広さと品揃え。買い物バッグもおみやげに使えるほどの人気のアイテム。

LIBERTY
オリエンタル溢れる
吹き抜けの一流デパート

伝統のプリント地のリバティ柄で有名。この柄は創業者アーサー・リバディ氏がバックアップしていた、ウィリアム・モリスのデザインを基本としている。リバディ柄のファブリック商品は、昔も今も変わらぬ人気商品。買い物バッグももちろんその図柄を活かしたもの。

SELFRIDGES&Co.
もうちょっと気楽な
ゴージャスデパート

オックスフォード・ストリートで、一際目立つ正面玄関の上の銅像が目印。巨大な売場面積を誇る。バッグのデザイン同様、若い客層へのシンプルなデザインのものも充実。ウエスト・エンドで、リバティとセルフリッジのショッピングバックは特に目をひく。

持ってるだけでロンドン気分

ハロッズ、リバティの定番品が充実の老舗から
流行モノが先取りのハーヴィ・ニコルズまで、
ロンドンのデパートの個性は、本当に店それぞれ。
買い物バッグを見れば、その歴史や品揃えから
売場に集まる人々の顔まで見えてくるようです。

Fortnum&Mason
紅茶やクッキーで
馴染み深いデパート

食料品専門店としてオープンしたが、現在はれっきとしたデパートで、服飾品のフロアも大人気。もちろん一番人気のあるフロアは食品売場で、見ているだけでも楽しい。バッグもストライプのこのデパートならではのデザイン。

Harrods
野菜や花でいっぱいの
青果市場がそのままバッグに

ハロッズの有料の大型買い物バッグは、色も形もカラフルな野菜や果物、生花たちのイラストのデザイン。大型のサイズで、いかにも丈夫に製縫された防水のバッグは、食品売場での買い物にぴったり。他のデパートでの買い物でも使いたいくらい。

HARVEY NICHOLS
ロンドンの若者たち
御用達デパートならhere

ロンドンの流行がわかる店。最先端のデザイナーズブランドが並び、数あるロンドンのデパートの中では、最も若者に人気のあるデパート。ブリティッシュ・モダンの雑貨や生活用品には要チェック。

SHOP INDEX

LONDON & ENGLAND

エリアから探すいいお店インデックス

著者

文●
武位教子
たけいきょうこ

1963年茨城県生まれ。
高校時代より『an・an』(当時平凡
出版)に執筆、文化服装学院在学
中にコラム連載。広告文案業を経
て88年より独立。現在『雑貨カタ
ログ』(主婦の友社)と『プレゼン
トfan』(公募ガイド社)に好評連
載中。著書に『go out KYOKOと
SANAEのおうちを脱出したくな
る理由』(アップオン刊)。

写真●
佐藤 康
さとうやすし

1957年北海道生まれ。
法政大学社会学部卒業後、写真を
独学。アートセンターを経て写真
家 遠藤 正氏に師事。1988年、
「イリュージョン」でJPS展入賞。
現在、エディトリアルや広告写真
で活躍中。

編集●有限会社糖衣社
文章協力●田島妃佐子
　　　　塙平小夜子
　　　　高橋正明
取材協力●越膳こずえ
　　　　砂辺祐子
　　　　深谷恵美

イギリスのかわいいアンティークと雑貨たち

2000年10月20日　第1刷発行

文	武位教子
写　真	佐藤 康

発行者	小松澤 仁
発行所	株式会社 同朋舎
	〒101-0065　東京都千代田区西神田2-5-2　TASビル
	電話　03-5276-0831(代表)
発　売	株式会社 角川書店
	〒102-8177　東京都千代田区富士見2-13-3
	電話　03-3238-8620(営業部)
	為替　00130-9-195208
印刷・製本	共同印刷株式会社